数字孪生智能制造产线系统应用

崔吉 张勇 主编
樊辉 张栋林 朱春燕 扶文树 副主编

清华大学出版社
北京

内容简介

本书以数字孪生技术为例,基于西门子数字化产品全生命周期管理软件(数字化设计软件、数字化管理软件、数字化仿真软件等),复现了一条虚实结合的智能制造产线设计的真实企业案例。本书采用项目化形式,让读者既理解数字孪生技术在制造业"智改数转"中的重要性,又熟知智能装备的操作技能。

本书适合作为职业教育本科和专科院校装备制造大类、智能制造专业群的教材,也可作为工程技术人员的参考资料。

本书封面贴有清华大学出版社防伪标签,无标签者不得销售。

版权所有,侵权必究。举报: 010-62782989, beiqinquan@tup.tsinghua.edu.cn。

图书在版编目(CIP)数据

数字孪生智能制造产线系统应用 / 崔吉,张勇主编.
北京: 清华大学出版社, 2024.10. -- ISBN 978-7-302-67531-0
Ⅰ. TH166
中国国家版本馆 CIP 数据核字第 2024VM8976 号

责任编辑: 王剑乔
封面设计: 刘　键
责任校对: 刘　静
责任印制: 杨　艳

出版发行: 清华大学出版社
网　　址: https://www.tup.com.cn, https://www.wqxuetang.com
地　　址: 北京清华大学学研大厦 A 座　　邮　编: 100084
社 总 机: 010-83470000　　邮　购: 010-62786544
投稿与读者服务: 010-62776969, c-service@tup.tsinghua.edu.cn
质量反馈: 010-62772015, zhiliang@tup.tsinghua.edu.cn
印 装 者: 河北鹏润印刷有限公司
经　　销: 全国新华书店
开　　本: 185mm×260mm　　印　张: 13.25　　字　数: 321 千字
版　　次: 2024 年 11 月第 1 版　　印　次: 2024 年 11 月第 1 次印刷
定　　价: 49.00 元

产品编号: 104519-01

前　言

党的二十大报告中提出,建设现代化产业体系,加快建设制造强国、数字中国,实施产业基础再造工程和重大技术装备攻关工程,推动制造业高端化、智能化、绿色化发展。

工业和信息化部等八部门联合发布的《"十四五"智能制造发展规划》明确提出,到2035年,规模以上制造业企业全面普及数字化,重点行业骨干企业基本实现智能化。围绕车间、工厂、供应链构建智能制造系统,培育推广智能制造新模式。

本书以某数字化智能产线项目为背景,介绍了数字孪生技术在智能产线中应用的知识,让学生了解到真实的智能产线项目实施的全流程。

本书结合某数字化智能产线的案例,介绍数字孪生技术在我国制造业"智改数转"中的应用,共分为四个项目,结构如下图所示。

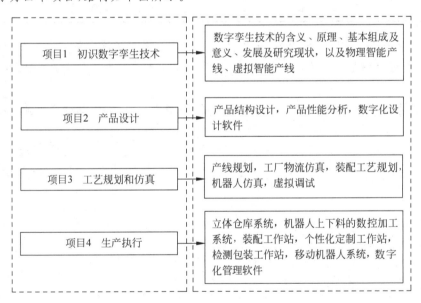

本书将知识点和技能点融入项目任务中,以学习行为为主线,主要包括"项目引入""知识图谱""任务描述""知识学习""任务实施""任务回顾"及"项目总结"七个环节。本书特点如下。

1. 融入专业素养

本书贯彻党的二十大提出的为党育人,为国育才,数字中国和制造强国等战略实施,坚持立德树人,德技并修,将专业知识和专业素养相融合。

2. 任务驱动,贴合行业

本书遵循"任务驱动、项目导向"原则,以某电子产品智能柔性产线的实施过程为主线,将工作任务课程化,设置成一系列学习任务,便于项目化学习。

3. 真实企业场景，贯穿全程

本书的任务学习紧紧围绕基于数字孪生技术的智能产线，按照项目设计与仿真、装调、运维等的真实过程，打造"学校即工厂，产线即课堂"的真实场景。

初学本书的学生，不管以前对数字孪生技术是否了解，都可以通过本书来学习数字孪生技术在智能制造相关领域应用的基础知识。同时，对当今智能产线中的智能装备、先进控制技术、先进制造技术、数字化产品全生命周期管理软件会有新的认识。

教师可以通过本书和配套的课程资源完善自己的教学过程，学生也能通过本书及其配套资源进行自主学习和测验。具体学时分配建议如下表所示。

单位：学时

序号	内容	分配学时建议	
		理论	实践
1	项目1 初识数字孪生技术	2	2
2	项目2 产品设计	4	4
3	项目3 工艺规划和仿真	6	6
4	项目4 生产执行	12	12
	合计	24	24

本书由崔吉、张勇任主编，樊辉、张栋林、朱春燕、扶文树任副主编。在本书的编写过程中，北京华晟经世信息技术股份有限公司的工程师给予教材开发工作大力支持，在此表示衷心的感谢。

由于技术发展日新月异，加之编者水平有限，对书中不妥之处，恳请广大师生批评指正。

编者

2024 年 6 月

目 录

项目 1 初识数字孪生技术 ··· 001

 任务 1.1 走进数字孪生技术 ·· 001
  1.1.1 数字孪生技术的含义 ··· 002
  1.1.2 数字孪生技术的原理 ··· 003
  1.1.3 数字孪生的基本组成及意义 ·· 004
  1.1.4 数字孪生技术的发展及现状 ·· 004
  1.1.5 数字孪生相关政策调研 ··· 006
 任务 1.2 数字孪生智能制造产线系统 ··· 008
  1.2.1 物理智能产线 ··· 008
  1.2.2 虚拟智能产线 ··· 010
  1.2.3 数字孪生行业应用调研 ··· 013

项目 2 产品设计 ··· 016

 任务 2.1 走进产品设计 ··· 016
  2.1.1 产品结构设计 ··· 017
  2.1.2 产品性能分析 ··· 019
  2.1.3 NX 软件 ·· 022
 任务 2.2 基于 NX 智能 U 盘组装工作站设计 ·· 030
  2.2.1 NX CAD 基础 ·· 030
  2.2.2 基于 NX CAD 的 U 盘建模 ··· 032
  2.2.3 基于 NX CAD 的装配工站建模 ·· 034
  2.2.4 基于 NX MCD 的装配工站运动仿真 ·· 039

项目 3 工艺规划和仿真 ·· 052

 任务 3.1 工艺仿真 ·· 053
  3.1.1 产线规划 ·· 053
  3.1.2 工厂物流仿真 ··· 054
  3.1.3 装配工艺规划 ··· 055
  3.1.4 机器人仿真 ·· 057
  3.1.5 运动机构定义 ··· 058
  3.1.6 零件装配流程仿真 ·· 062

3.1.7 机器人路径规划 ·· 073
  3.1.8 机器人工艺仿真 ·· 076
  3.1.9 车间物流仿真 ·· 084
 任务3.2 虚拟调试 ·· 096
  3.2.1 虚拟调试概述 ·· 096
  3.2.2 机器人上下料工作站的虚拟调试 ····························· 098

项目4 生产执行 ·· 114

 任务4.1 智能产线工作站 ·· 115
  4.1.1 立体仓库系统 ·· 115
  4.1.2 机器人上下料的数控加工系统 ································ 125
  4.1.3 装配工作站 ·· 134
  4.1.4 个性化定制工作站 ·· 143
  4.1.5 检测包装工作站 ·· 146
  4.1.6 移动机器人系统 ·· 150
  4.1.7 工作站的基础操作与维护方法 ································ 155
 任务4.2 高级计划与排程 ·· 165
  4.2.1 APS 基础 ·· 165
  4.2.2 APS 的发展历程 ··· 166
  4.2.3 APS 的行业应用 ··· 168
  4.2.4 APS 的功能 ··· 168
 任务4.3 制造执行系统 ·· 178
  4.3.1 MES 基础 ·· 178
  4.3.2 MES 的发展历程 ··· 181
  4.3.3 MES 的行业应用 ··· 182
  4.3.4 MES 的功能 ·· 183
  4.3.5 西门子的 MES 系统 ·· 184

参考文献 ··· 206

项目 1

初识数字孪生技术

【项目引入】

2022年北京冬奥会开幕式上冰五环的雕刻以及在自由式滑雪大跳台决赛中运动员精彩一跳的视频,都运用了数字孪生技术。那么什么是数字孪生技术?数字孪生技术的发展如何?数字孪生技术在行业的应用如何?通过本项目,我们可以充分了解数字孪生的过去、现在和将来,即数字孪生的相关理论知识、应用和发展。

【知识图谱】

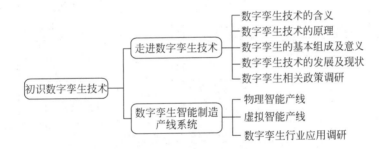

任务 1.1 走进数字孪生技术

【任务描述】

图 1-1(a)为天问一号探测火星示意图,图片来源于国家航天局;图 1-1(b)为海尔集团利用数字孪生技术实现工厂的三维可视化。

2022年北京冬奥会中的数字孪生技术是以云、边、端硬件平台为基础,应用虚拟现实、人工智能、计算机图形学等相关前沿技术,通过对体育赛事场馆和赛事期间所发生事件以及涉及的仿真道具进行数字孪生与仿真的端到端解决方案,辅助进行体育赛事的运行设计,通过可视化处理跨部门协调工作,从而提高效率,降低成本,有效解决国外团队及各个业务部门难以到达现场所面临的困难。我国自主研制的天问一号火星探测器于 2020 年 7 月 23 日发射升空;经过 1 次深空机动和 4 次中途修正,于 2021 年 2 月 10 日成功进入火星轨道;同年 5 月 15 日,天问一号成功穿越火星大气层,着陆于火星乌托邦平原南部预选着陆区;5 月 22 日,"祝融号"火星车驶离着陆平台,到达火星表面,开始了对火星的探测之旅。实现这个极其复杂的科学任务,就应用了数字孪生技术。

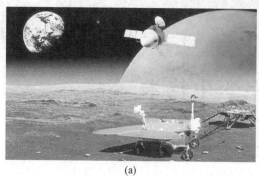
(a)

(b)

图 1-1　数字孪生技术的应用场景

数字孪生制造系统框图如图 1-2 所示，从框图中可以看出，数字孪生技术可以持续地预测装备或系统的健康状况、剩余使用寿命以及任务执行成功的概率，也可以预见关键安全事件的系统响应，通过与实体的系统响应进行对比，发现设备设计研发中的未知问题。

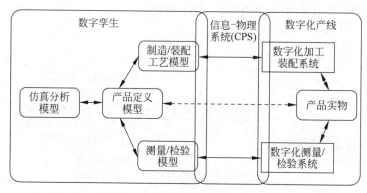

图 1-2　数字孪生制造系统框图

【知识学习】

1.1.1　数字孪生技术的含义

数字孪生技术的含义

随着三维数字化建模技术、虚拟仿真、物联网、大数据、人工智能、云计算、边缘计算、虚拟现实等技术的广泛应用，人类社会进入三维信息化时代。对于产品、装备、产线、工厂、建筑、道路、桥梁，乃至整个城市，都可以建立三维数字化模型。数字模型不仅可以与物理对象形态高度相似，还可以实现性能仿真，几乎做到全要素映射。在物理对象从研发设计、制造、服役到报废回收再利用的全生命周期中，可以通过虚实映射来优化设计方案，提升运行效率，监测运行情况，预测潜在故障和事故风险。这种打通物理世界和数字世界，实现虚实融合的复合技术，被称为数字孪生（Digital Twin）技术。

数字孪生技术可在众多领域应用，如产品设计、产品制造、医学分析、工程建设等。在国内应用最深入的是工程建设领域，关注度最高、研究最热的是智能制造领域。

开发产品时，工程师可以通过实物试验来测试产品性能，修改设计方案，不断迭代优化。

而天问一号无法在真实应用场景进行实物试验,因此科学家除了在地面对实物样机进行性能测试之外,还需要对天问一号的各个子系统、从地球飞向火星的轨迹以及火星大气和着陆区环境等建立数字孪生模型。在产品研发过程中进行全数字化仿真,在原型样机制造出来之后进行半实物仿真。所谓半实物仿真,是指仿真对象是物理实体,而运行环境用软件来模拟。在天问一号飞向太空和着陆火星的过程中,则通过卫星通信传回的实时数据,对其数字孪生模型进行仿真分析,从而判断飞行轨迹和运行状态是否正常,以便及时调控。为了帮助观众更好地理解,电视直播往往也会使用对航天器数字化模型进行运动仿真的视频动画。

"数字孪生"这一术语最初就应用于航空航天领域,为的是解决航空航天飞行器的健康维护与保障问题。数字孪生技术是融合了三维建模、仿真与优化、物联网与传感器、人工智能和虚拟现实等多种新兴技术在内的复合技术。数字孪生技术能迅速成为热潮,也源于数字化设计、虚拟仿真和工业互联网等关键技术的蓬勃发展与交叉融合。

数字孪生也用来指代将一个工厂的厂房及产线在没有建造之前就完成数字化模型,从而在虚拟空间中对工厂进行仿真和模拟,并将真实参数传给实际的工厂建设。而厂房和产线建成之后,在日常的运维中二者继续进行信息交互。

数字孪生技术内嵌了综合健康管理系统,并集成传感器数据、历史维护数据,以及通过挖掘而产生的相关派生数据,能对装备工作状态进行分析、评估和监控。通过对以上数据的整合,数字孪生技术可用于设备的状态监测或故障预警,从而保证系统的正常运行。同时还可能通过激活自愈的机制或者建议更改任务参数来减轻损害或进行系统的降级,从而提高寿命和任务执行成功的概率。

1.1.2 数字孪生技术的原理

最早,数字孪生思想由美国密歇根大学的迈克尔·格里布斯教授命名为"信息镜像模型",而后演变为"数字孪生"的术语,因此也被称为数字双胞胎或数字化映射。数字孪生技术是在制造和设计信息基础上深入发展起来

数字孪生技术的基本原理

的,企业在实施基于模型的系统工程(MBSE)的过程中产生了大量物理的、数学的模型,这些模型为数字孪生的发展奠定了基础。2012年,美国航空航天局给出了数字孪生的概念描述:数字孪生技术是指充分利用物理模型、传感器、运行历史等数据,集成多学科、多尺度的仿真过程,作为虚拟空间中对实体产品的镜像,反映了相对应物理实体产品的全生命周期过程。

为了便于数字孪生的理解,北京理工大学的庄存波等提出了数字孪生体的概念,认为数字孪生是采用信息技术对物理实体的组成、特征、功能和性能进行数字化定义和建模的过程。数字孪生体是指在计算机虚拟空间存在的与物理实体完全等价的信息模型,可以基于数字孪生体对物理实体进行仿真分析和优化。数字孪生是技术、过程、方法;数字孪生体是对象、模型和数据。

进入21世纪,美国和德国均提出了"信息-物理系统"(Cyber-Physical System,CPS)作为先进制造业的核心支撑技术。CPS的目标就是实现物理世界和信息世界的交互融合。通过大数据分析、人工智能等新一代信息技术在虚拟世界的仿真分析和预测,以最优的结果驱动物理世界的运行。数字孪生的本质就是在信息世界对物理世界的等价映射,更好地诠释了CPS,成为实现CPS的最佳技术。

1.1.3 数字孪生的基本组成及意义

2011年,迈克尔·格里布斯教授在《几乎完美:通过PLM驱动创新和精益产品》一书提出了数字孪生的三个组成部分:物理空间的实体产品、虚拟空间的虚拟产品、物理空间和虚拟空间之间的数据和信息交互接口。

2016年,西门子公司提出数字孪生的组成包括:产品数字化双胞胎、生产工艺流程数字化双胞胎、设备数字化双胞胎,完整真实地再现了整个企业,并以它的产品全生命周期管理系统(Product Lifecycle Management,PLM)为基础,在制造企业推广数字孪生相关技术和产品。

北京理工大学的庄存波等从产品的视角给出了数字孪生的主要组成,包括产品的设计数据、产品工艺数据、产品制造数据、产品服务数据以及产品退役和报废数据等。

同济大学的唐堂等人提出数字孪生的组成应包括产品设计、过程规划、生产布局、过程仿真、产量优化等。该数字孪生的组成不仅包括了产品的设计数据,也包括了产品的生产过程和仿真分析,更加全面,更加符合智能工厂的要求。

北京航空航天大学陶飞团队从车间组成的角度给出了车间数字孪生的定义,提出了车间数字孪生的组成主要包括物理车间、虚拟车间、车间服务系统、车间孪生数据等部分。物理车间是真实存在的车间,主要从车间服务系统接收生产任务,并按照虚拟车间仿真优化后的执行策略,执行完成任务;虚拟车间是物理车间的计算机内的等价映射,主要负责对生产活动进行仿真分析和优化,并对物理车间的生产活动进行实时的监测、预测和调控;车间服务系统是车间各类软件系统的总称,主要负责车间数字孪生驱动物理车间的运行和接收物理车间的生产反馈。

数字孪生最重要的意义在于,它实现了现实物理系统向空间数字化模型的反馈。这是一次工业领域逆向思维的壮举。将物理世界发生的一切返回到数字空间中,只有带有回路反馈的全生命跟踪,才是真正的全生命周期概念。这样就可以真正在全生命周期范围内,保证数字与物理世界的协调一致。基于数字化模型进行的各类仿真、分析、数据积累、挖掘以及人工智能的应用,都能确保它与现实物理系统的适用性。这也体现智能系统的意义,智能系统的智能首先要感知、建模,然后才是分析推理。如果没有数字孪生对现实生产体系的准确模型化描述,所谓智能系统就是无源之水,无法落实。

1.1.4 数字孪生技术的发展及现状

实现数字孪生的许多关键技术都已经开发出来,比如多物理尺度和多物理量建模、结构化的健康管理、高性能计算等,但实现数字孪生需要集成和融合这些跨领域、跨专业的多项技术,从而对装备的健康状况进行有效评估,这与单个技术发展有着显著的区别。因此,数字孪生这样一个极具颠覆的概念,在未来可预见的时间内很难取得足够的成熟度。

在智能制造领域中,最先使用数字孪生概念的是美国航空航天局的阿波罗项目,使用数字孪生对飞行中的空间飞行器进行仿真分析,监测和预测空间飞行器的飞行状态,辅助地面控制人员作出正确的决策。从此应用来看,数字孪生主要是要创建和物理实体等价的虚拟体或数字模型,虚拟体能够对物理实体进行仿真分析,能够根据物理实体运行的实时反馈信息对物理实体的运行状态进行监控,能够依据采集的物理实体的运行数据完善虚拟体的仿真分析算法,从而对物理实体的后续运行和改进提供更加精确的决策。

2003年,密歇根大学的迈克尔·格里夫斯教授提出"物理产品的数字表达"的概念,并指出物理产品的数字表达应能够抽象地表达物理产品,能够基于数字表达对物理产品进行真实条件或模拟条件下的测试。这个概念虽然没有被称作数字孪生,但是它具备数字孪生所具有的组成和功能,即创建物理实体的等价虚拟体,虚拟体能够对物理实体进行仿真分析和测试。该理论可以看作是数字孪生在产品设计过程中的应用。

2012年,美国国家标准与技术研究院提出了基于模型的定义(MBD)和基于模型的企业(MBE)的概念,其核心思想是要创建企业和产品的数字模型,数字模型的仿真分析要贯穿产品设计、产品设计仿真、加工工艺仿真、生产过程仿真、产品的维修维护等整个产品的寿命周期。MBE和MBD的概念将数字孪生内涵扩展到了整个产品的制造过程。

2015年之后,世界各国分别提出国家层面的制造业转型战略。这些战略核心目标之一就是构建物理信息系统,实现物理工厂与信息化的虚拟工厂的交互和融合,从而实现智能制造,数字孪生作为实现物理工厂与虚拟工厂的交互融合的最佳途径,被国内外相关学术界和企业高度关注。从CPS和数字孪生的内涵来看,他们都是为了描述信息空间与物理世界融合的状态,CPS更偏向科学原理的验证,数字孪生更适合工程应用的优化,更能够降低复杂工程系统建设的费用。

GE数字集团工业互联网创新与生态发展负责人罗伯特·普兰纳认为,数字孪生最重要的价值是预测,在产品制造过程中出现问题时,可以基于数字孪生对生产策略进行分析,然后基于优化后的生产策略进行组织生产。

西门子工业软件平台是实现工业4.0的载体,可以实现从产品设计、生产规划、生产工程到生产执行和服务的全生命周期的高效运行,以最小的物资消耗获得最高的生产效率。该平台的实现需要企业以数字化技术为基础,在物联网、云计算、大数据、工业以太网等技术的强力支持下,集成目前先进的生产管理系统及生产过程软件和硬件,如产品全生命周期管理(PLM)软件、制造执行系统(MES)软件和全集成自动化(TIA)技术。

西门子数字化平台软件套件集成应用包含了PLM、ERP、MES、仓库管理系统(Warehouse Management System,WMS)和产线集成能力。制造业作为支撑世界经济发展的重要支柱,与互联网的无缝融合也将促使制造企业的生产力和生产水平得到进一步提升。作为"工业4.0"的发起者和重要的构建者,西门子提出的"数字孪生"模型概念,即基于模型的虚拟企业和基于自动化技术的现实企业,包括产品数字孪生、生产数字孪生和设备数字孪生,这三个层面又高度集成为一个统一的数据模型,并通过数字化助力企业整合横向和纵向价值链,为工业生态系统重塑和实现奠定了基础。

西门子公司基于模型的企业在统一的基于模型的系统工程指导下,通过创建贯穿企业产品整个生命周期的产品模型、流程管理模型、企业产品管理标准规范与决策模型,并在此基础上开展与之相对应的基于模型的工程、基于模型的制造和基于模型的服务的实施部署。

数字孪生是智能工厂的虚实互联技术,从构想、设计、测试、仿真、产线、厂房规划等环节,可以虚拟和判断出生产或规划中所有的工艺流程,以及可能出现的矛盾、缺陷、不匹配,所有情况都可以用这种方式进行事先仿真,缩短大量方案设计及安装调试时间,加快交付周期。数字孪生技术是将带有三维数字模型的信息拓展到整个生命周期中的影像技术,最终实现虚拟与物理数据同步一致,不是让虚拟世界做现在已经做到的事情,而是发现潜在问题、激发创新思维、不断追求优化进步,这是数字孪生目标所在。数字孪生技术不仅能帮助企业在实际投入生产之前即能在虚拟环境中优化、仿真和测试,还能在生产过程中同步优化整个企业流程,最终实现高效的柔性生产,提升企业竞争力。

【任务实施】

1.1.5 数字孪生相关政策调研

选题:数字孪生相关政策。

关键点:近五年国内外针对制造业的转型升级所出台的相关政策。

格式要求:采用 Word/PPT 形式展示。

考核方式:采取课内发言,时间 3～5 分钟。

《2019 年国务院政府工作报告》提出推动传统产业改造提升,围绕推动制造业高质量发展,强化工业基础和技术创新能力,促进先进制造业和现代服务业融合发展,加快建设制造强国,打造工业互联网平台,拓展"智能＋",为制造业转型升级赋能。随着"中国制造 2025"的推进,工信部启动了智能制造项目,从数字化车间、智能工厂、大数据分析应用、云平台建设、工业物联网应用到现在"智能＋"项目,越来越多的企业建立了各自的数字化系统、自动化生产系统、物流系统以及系统集成应用,同时企业逐渐意识到随着数字系统的建立,关键在于将数字主线和数字孪生落实到实处,未来企业数字化智力资产越多,"智能＋"将越能为企业带来更大的价值。

2015 年,我国正式提出了"中国制造 2025"的战略。"中国制造 2025"和"互联网＋"概念包罗万象,其内容相当于美、欧、日等国家相关战略计划的有机综合。《中国制造 2025》是部署全面推进实施制造强国的战略文件,是中国实施制造强国战略第一个十年的行动纲领,其十大重点领域如图 1-3 所示。

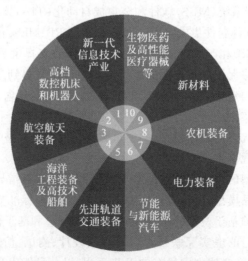

图 1-3 "中国制造 2025"十大重点领域

工业4.0(Industry 4.0)最早出现在德国,于2013年在汉诺威工业博览会上正式推出,其核心目的是提高德国工业竞争力,在新一轮工业革命中占领先机,随后由德国政府列入《德国2020高技术战略》中所提出的十大未来项目之一。该项目由德国联邦教育局及研究部和联邦经济技术部联合资助,投资预计达2亿欧元,旨在提升制造业的智能化水平,建立具有适应性、资源效率及基因工程学的智慧工厂,在商业流程及价值流程中整合客户及商业伙伴。其技术基础是网络实体系统及物联网。

德国工业4.0是指利用物联信息系统将生产中的供应、制造、销售信息数据化、智慧化,达到快速、有效、个性化的产品供应。工业4.0九大技术支柱如图1-4所示。

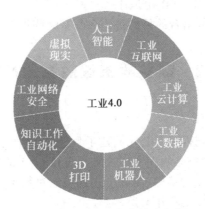

图1-4 工业4.0九大技术支柱

科技强国

2022年北京冬奥会的成功举办,让世界看到中国的强大,让无数中华儿女感到无比自豪。虚拟仿真技术支撑下的首届"数字孪生冬奥会",让我们看到科技的力量,更加坚定我们科技强国的信心。

【任务回顾】

1. 知识点总结

通过对北京冬奥会、天问一号探测火星及海尔集团利用数字孪生技术实现工厂的三维可视化应用的了解,我们对数字孪生技术有了一定的认识。

(1) 数字孪生融合了传感器、数据分析等先进技术,最初应用于航天领域。

(2) 数字孪生可应用在产品设计、产品制造、医学分析、工程建设等众多领域。

(3) 数字孪生在中国应用最深入的是工程建设领域,关注度最高、研究最热的是智能制造领域。

2. 思考与练习

(1) 数字孪生是将打通_____世界和_____世界,实现虚实融合的复合技术。

(2) 数字孪生是充分利用物理模型、传感器更新、运行历史等数据,集成_____、_____、_____的仿真过程,在虚拟空间中完成(   )。

(3) 所谓半实物仿真,是指仿真对象是_____,而运行环境用_____模拟。

(4)综合健康管理系统(IVHM)集成了_____数据、_____数据,以及通过挖掘而产生的相关派生数据。

(5)数字孪生是_____、_____、_____;数字孪体是_____、_____和_____。

(6)西门子是以它的产品_____为基础,在制造企业推广数字孪生相关技术和产品。

(7)数字孪生技术的含义是什么?

(8)数字孪生技术的关键核心是什么?

(9)什么是信息-物理系统,其作用是什么?

(10)中国制造2025政策出台的目的是什么?有哪些重点领域要大力发展?

任务1.2 数字孪生智能制造产线系统

【任务描述】

南京信息职业技术学院与西门子公司共建了数字孪生"产学研教"平台,以U盘电子产品的个性化定制为载体,包含一条物理实体智能产线和1:1的虚拟智能产线。通过对基于数字孪生技术的智能制造产线的认知,能沉浸式直观地对数字孪生的含义、基本工作原理、智能产线系统组成及孪生技术的应用有所了解。

该数字孪生智能制造产线系统包括U盘数字孪生物理产线、U盘数字孪生虚拟仿真产线。U盘个性化定制智能制造产线将单一数据源贯穿设计、规划、工程、生产直到服务的整个生命周期,实现从研发到交付的端到端系统集成;利用物理实体产线的全集成自动化技术与虚拟平台的数字化制造紧密结合,达成工艺可变的柔性产线实现混线生产;通过机电联合设计平台,打破机械设计与自动化的壁垒,将工艺工程直接转换为自动化程序,成为无缝工程集成的"数字化机器"。数字化的柔性满足了制造个性化需求,从设计到研发的整体集成实现了端到端的快速交付、设计流程协同化和制造流程自动化,实现了整个价值链的高效,使师生亲身体会到数字化手段是如何帮助企业缩短产品上市时间,保证系统柔性,提高产品质量的同时提升生产效率的。

【知识学习】

1.2.1 物理智能产线

物理智能产线

U盘智能产线突显工业4.0智能制造过程,主要由以下单元组成:立体仓储单元、机加工单元、自动导引小车(AGV)搬运单元、锁螺钉组装工站、卡扣组装工站、个性化定制工站、机器视觉检测包装工站、中央控制台、自动物流输送线等,如图1-5和图1-6所示。其中,图1-5为U盘数字孪生物理产线,图1-6为U盘数字孪生虚拟产线模型。系统集成各单元并构成了一套全面的满足工业4.0和中国智能制造2025标准的示范产线。该产线上的产品为有包装盒的U盘,有锁螺钉、卡扣等产品形态,内存容量、外壳颜色等可选,且可在U盘外壳上定制加工个性化元素,样品如图1-7所示。

图 1-5 U 盘数字孪生物理产线

智能产线包含了很多的智能装备和终端,例如可编程控制器、变频器、触摸屏、射频识别(RFID)装置、工业机器人、机器视觉、激光打标机等,通过典型的工业生产和装配过程,涵盖了工业领域多种先进控制技术和特种加工技术,是融合了光、机、电、气以及信息一体化、机器人、视觉检测、图像识别等,U 盘生产工艺流程如图 1-8 所示。

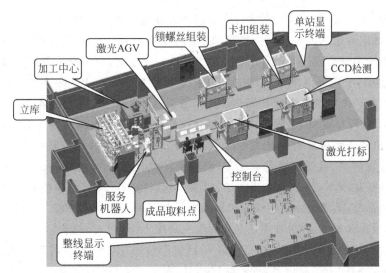

图 1-6 U 盘数字孪生虚拟产线模型

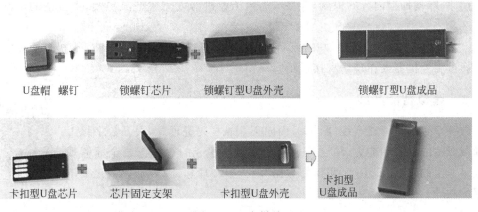

图 1-7 U 盘样品

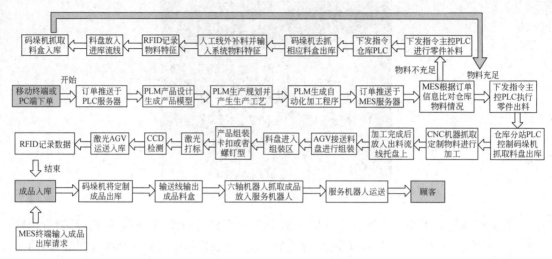

图 1-8 U 盘生产工艺流程图

智能产线的生产工艺流程步骤如下。

(1) 原料入库：每个待加工原材料均由操作者在仓库区手动将其放入相对应的库位空托盘内，通过触摸屏输入此原料相应信息，PLC 将原料信息记录到托盘的 RFID 卡中，托盘由自动化流水线向仓库输送，码垛机将托盘和原料一起托起，放入仓库相应库位内。

(2) 原料出库：根据订单信息，由 MES 系统生成生产任务，WMS 系统依据订单情况自动选择产品原料；收到出库指令并确认加工个数后，码垛机移位到相对应原材料库区，然后把整个 U 盘原材料料盘取下，放入出料自动化流水线上，流水线向前输送，然后定位气缸固定料盘，工业机器人抓取原材料托盘上的原材料放入中转流水线的中转载盘上，此种原材料抓取到需要数量后，托盘流水线进行反转，码垛机将此托盘放回仓库，然后码垛机将相配套的其他原材料托盘取下，经过流水线输送、机器人取料将另外原材料也放入中转载盘上。

(3) U 盘装配：配料完成后，工业机器人将待加工原料放入机加工工位进行数控加工，加工完成后，根据选择的 U 盘种类由 AGV 送入装配工作站进行组装。

(4) U 盘个性化定制：组装完成后的 U 盘将继续由 AGV 运输到个性化定制工作站，由激光打标机雕刻加工产品信息（如产品序列号、内存容量等）和个性化元素。

(5) U 盘检测包装：个性化定制完成，进入产品检测包装单元，通过机器视觉系统进行产品尺寸、雕刻加工内容的检测，合格产品由工业机器人完成产品包装，不合格的产品放入废料区。

(6) 成品入库：合格包装好的成品由 AGV 将其送回仓库，再通过码垛机进行成品入库或者通过服务机器人在现场直接送给客户。

1.2.2 虚拟智能产线

数字孪生虚拟智能产线（图 1-9）面向工业 4.0 先进理念，引入数字化工厂领域成熟的经验和能力，结合产业的实际需求建成的智能产线全面体现了数字孪生的"验证即生产，实体即数据"两大核心理念，涵盖了数字化工厂管理的软件。

虚拟智能产线

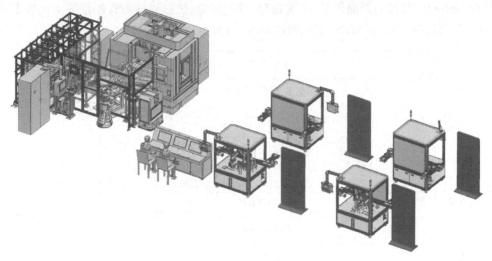

图1-9　U盘数字孪生虚拟智能产线模型

数字孪生虚拟智能产线覆盖产品设计、工艺规划和仿真、生产计划、生产控制和执行、产品装配、检测和分析、管理看板等数字化工厂业务领域。

产品数字化设计提供了企业所需要的高性能和领先的技术，使企业可以控制复杂性并参与全球竞争。数字化设计软件支持产品开发中从概念设计到工程和制造的各个方面，为企业提供了一套集成的工具集，集成不同学科、保持数据完整性和设计意图以及简化整个流程。

NX软件借助应用领域广泛、功能强大的集成式应用程序套件，大幅提升生产效率，有助于用户制定更明智的决策并更快、更好地提供产品。除了用于计算机辅助设计、工程和制造（CAD/CAM/CAE）的工具集以外，NX软件还支持在设计师、工程师和更广泛的组织之间进行协同，提供了集成式数据管理、流程自动化、决策支持以及其他有助于优化开发流程的工具。图1-10所示是NX软件包括产品设计、仿真和制造在内的整个开发过程的数字化设计平台。

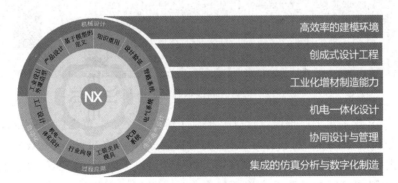

图1-10　数字化设计平台

综合性数字化制造解决方案系统（Tecnomatix）中的装配规划与验证建立于企业PLM平台之上，由网络制造物料清单（MBOM）创建、结构化工艺设计、工艺仿真与优化、可视化工艺输出、工艺统计报表部分组成，并实现各环节的数据管理，与PLM系统共用制造资源库。Tecnomatix 系统与产品设计、工装设计、维护维修、试验测试等其他系统实现数据共享和协同，与制造执行系统（MES）实现系统集成，如图 1-11 所示。

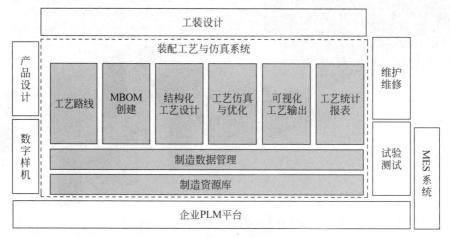

图 1-11　装配工艺规划与验证

Tecnomatix 机器人与离线编程软件提供了基于产品生命周期管理平台的共享数据环境，用于开发自动化机械和自动化生产系统。该软件平台能够满足多个级别的机器人仿真和工作站开发需求，既能处理单个机器人和工作台，也能处理完整的产线和生产区域。通过使用虚拟调试工具，可以改善多个制造部门之间的沟通和协调，从而使用户做出更明智的决策。可以减少自动化系统投入使用时的错误，并能大大缩短系统上线安装工作的时间。通过提高设备设计、系统逻辑开发、区域空间利用过程的质量以及降低成本，实现具备高效生产效率的制造系统，其软件平台界面如图 1-12 所示。

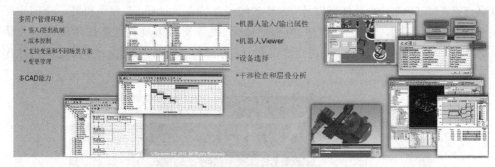

图 1-12　机器人离线编程软件平台界面

Tecnomatix 数字化工厂布局设计软件提供了解决整个工厂范围内布局设计的问题，如活动区域的分析、空间安排、材料存放系统、拥堵程度分析、设备安装、布局成本考核、设备标识和使用情况等，为未来工厂进行虚拟布局。该软件可以大幅缩短产品的设计及投产周期。它利用设计和智能工厂对象技术实现了整个工厂的并行工程设计，而不仅仅是局部优化；它可以迅速简便地创建、分析和展示可视化的工厂模型。软件平台界面如图 1-13 所示。

通过仓库管理系统，管理人员能够灵活掌握货物的存放位置，解决入库、出库、查找、盘点等操作中可能出现的困难，使仓库的管理更加正规化，提高货物利用率，降低库存损耗，同时对出入库数量进行详细记录和统计。仓库管理系统软件平台界面如图 1-14 所示。

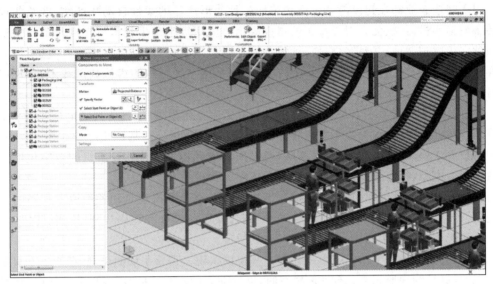

图 1-13　工厂布局与产线设计开发界面

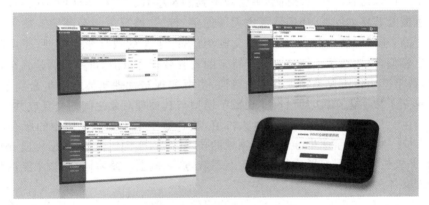

图 1-14　仓库管理系统软件平台界面

【任务实施】

1.2.3　数字孪生行业应用调研

选题：数字孪生行业应用。

关键点：数字孪生在航空航天、汽车、电力、石油、天然气、环境保护、制造业、城市管理、船舶航行、铁路运输、健康医疗等行业的应用场景。

格式要求：采用 Word/PPT 的形式。

考核要求：采用课内汇报发言，时间 5～8 分钟。

数字孪生行业
应用调研

数字孪生技术在产品的运行监控和智能运维、工厂运行状态的实时模拟和远程监控，以及产线虚拟调试、机电软一体化复杂产品研发等方面，正在给制造业创造巨大价值。三一重工利用数字孪生技术结合售后服务系统，使得工程师平均响应时间从 300 分钟缩短到 15 分钟，一次性修复率从 75% 提升到 92%。海尔集团利用数字孪生技术实现了工厂的三维可视化，可以方便查看设备的产量、质量和设备维护情况，及时排查故障。

很多制造企业都在建设能够生产和装配多种变形产品的柔性自动化产线,涉及各种智能装备如工业机器人、无人引导小车的集成应用。应用数字孪生技术可以在设备尚未安装之前就完成虚拟调试,并对客户进行远程培训。虚拟调试通过后,再在实际产线进行联调,这样就大大缩短产线交付使用的时间。广汽集团乘用车项目应用虚拟调试技术,将现场调试时间由15天减至5天。

在进行复杂的医学手术时,可以对病灶建立数字孪生模型,通过仿真确定合理的手术方案,医学专家还可以远程对数字孪生模型进行实时操作,指导现场医生完成手术。2019年华中科技大学协和医院叶哲伟教授团队,通过采集患者相关部位软硬组织的数字化信息构建数字孪生模型,指导600千米外的医生成功完成骨科手术。

在智慧城市建设过程中,通过数字孪生技术建立整个城市建筑和各种地下管网的数字孪生模型,可以更有效地对城市进行管理,提高公共服务设施和道路规划、排涝、防灾、垃圾处理及新能源开发利用的能力,提高居民生活质量。

当前,人们对于数字孪生技术还存在一些模糊认识。需要明确的是,数字孪生不只是几何形态的,更是物理形态的;不只是静态的,更是动态的;不只是对象的,更是环境的、系统的。数字孪生可以仿真人在实际问题中感知不到的某些环境。如车联网环境下,不能只涉及汽车的机械及其移动问题,还需要考虑无线通信、传感、路况等复杂环境。数字孪生也不仅仅针对产品,还针对使用者。仍以自动驾驶为例,除了车的数字孪生模型,还需建立驾驶者数字孪生模型,以便在困难情况下基于特定的驾驶者行为反应,进一步调整驾车效果。

总之,数字孪生体不仅是物理实体的镜像,更要实现与物理实体在全生命周期的共生。如果只是建立了数字化样机,却没有实现数字模型与其物理对象之间的交互或共生,就不能称为数字孪生。要想发挥数字孪生的巨大价值,整合数字孪生生态系统中的所有数据和模型就非常必要。构建数字孪生涉及多个领域的技术问题,如构建模型、数据传递、服务接口、连接识别、部署机制等,只有形成健全的生态系统,产业链上下游协同合作,才能达到数字孪生体与物理实体的"共生"。

当前,正处于一个利用信息化技术促进产业变革的时代。数字孪生集合各类新兴技术,将数字世界与物理世界相融合,为工业设备等提供完整的生命周期数据,逐渐成为智能制造等行业的重要应用趋势,也成为数字化转型的基础设施。数字孪生技术推动着技术创新和产业革新,推动更智能、更绿色、更安全的可持续发展,将在我国建设制造强国和数字中国的进程中发挥重要作用。

【任务回顾】

1. 知识点总结

通过U盘数字孪生智能制造产线的学习,能对数字孪生在智能制造领域的应用有更加深入的了解,通过基于产品数字化全生命周期的工厂管理软件,可以对智能产线进行三维建模和虚拟设计,结合工艺仿真缩短未来数字化车间和智能工厂的设计周期,降低成本。同时,实际物理产线运行中的数据又被采集到虚拟产线模型,可对产线进行预测性维护和故障分析。

2. 思考与练习

(1) 智能制造产线的基本组成有哪些?

(2) 智能制造产线数字化设计所需要的软件有哪些?

(3) 智能制造产线的数字孪生技术是如何体现的?

【项目总结】

通过本项目的学习，了解目前数字孪生技术的起源、发展及各国在应对制造业转型升级中提出的相关政策与措施，掌握智能制造的发展背景、相关政策和相关技术，了解未来相关技术的发展动态，掌握数字孪生技术 U 盘智能制造产线的概况。接下来，大家去周围的企业调研或来到实训室，感受数字孪生给我们带来的惊喜。

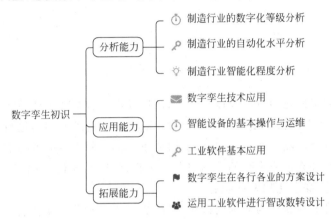

项目 2 产品设计

【项目引入】

传统设计工程师依靠项目经验设计样机,通过样机试验发现设计的问题或缺陷,然后进一步优化改进,往往需多次反复才能基本定型。随着产品需求的多样化和复杂化增加、产品生命周期的缩短以及产品市场的全球化,迫切要求产品设计与制造以快的速度、高的质量、低的成本和好的服务来适应当今的市场需求。在此背景下,现代机械产品设计体现出数字化、网络化、智能化、绿色化的发展趋势。

产品设计是将概念转化为数据的过程,因此数字化是现代机械产品设计技术发展的主要方向,Creo、SolidWorks、Catia、NX等软件的广泛应用,促使制造企业在产品设计阶段积累了海量数据,为数字孪生体模型的构建奠定了基础。随着数字孪生技术的发展和应用,数字化产品设计出现新的革命。

【知识图谱】

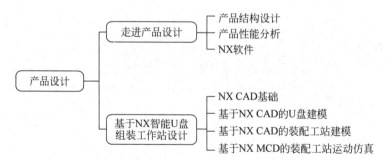

任务 2.1 走进产品设计

任务 2.1 走进产品设计

【任务描述】

产品设计可视化技术是实现基于模型设计的关键技术,如图 2-1 所示。

在计算机辅助设计(CAD)系统中搭建可视环境,为设计者提供可视化设计平台。在设计中,可视化具体体现在设计产品的可视化、设计过程中辅助信息的可视化、设计过程的可视化三个方面,包括将所设计的产品从概念图或抽象图、框架模型到具体三维结构;设计过程中会用到一般以文本、图片、图表、动画、三维静态模型、三维可交互动态模型等为载体形式的数据库支持、设计公式、功能属性信息、设计参数说明等多种信息;在设计过程从开始到结束的整个流程内,设计者可以观察到相应的可视化设计结果,包括修改、控制等操作的实时跟踪显示。

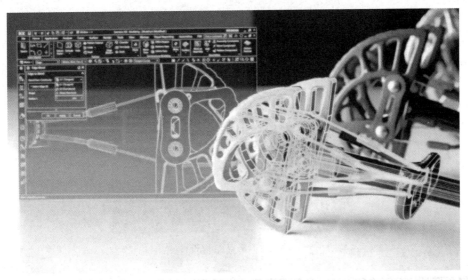

图 2-1　产品设计模型

　　如何帮助设计师更明智地制定决策以及更清晰地传达设计理念已经成为当今时代产品设计面临的基本问题。产品设计模型如何实现?产品加工过程如何实现可视化?如何从概念设计借助计算机辅助技术完成产品的虚拟制造?通过本任务,学习者可以充分了解产品的建模设计、机电概念设计等基础知识,并拓宽对数字孪生应用的初步了解。

【知识学习】

2.1.1　产品结构设计

1. 产品设计理论

　　产品结构设计是针对产品内部结构、机械部分的设计。一个好产品首先要实用,因此,产品设计首先是功能,其次才是形状。产品实现其各项功能完全取决于一个优秀的结构设计。结构设计是机械设计的基本内容之一,也是整个产品设计过程中最复杂的一个工作环节,在产品形成过程中,起着至关重要的作用。

　　设计者既要设计一系列关联零件实现各项功能,又要考虑产品结构紧凑、外形美观;既要安全耐用、性能优良,又要易于制造、降低成本。所以说,结构设计师应具有全方位和多目标的空间想象力,并具有跨领域的协调整合能力,如图2-2所示。

2. 产品概念设计

　　从产品全生命周期考虑,一般产品设计可分为产品需求分析、概念设计、详细设计、工艺设计、样品试制、生产制造、销售与售后服务等阶段。产品概念设计是由分析用户需求到概念产品生成的一系列有序的、可组织的、有目标的设计活动,是由粗到精、由模糊到清晰、由抽象到具体的不断进化的过程。产品概念设计是设计过程的早期阶段,其过程是产品设计过程中最重要、最富于创造性,同时也是最活跃、最复杂的设计阶段。因此,产品概念设计往往与试验研究结合,如图2-3所示。

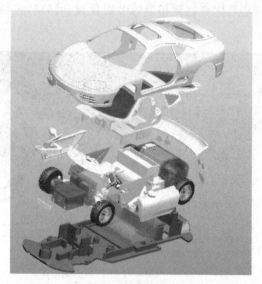

图 2-2　产品结构设计

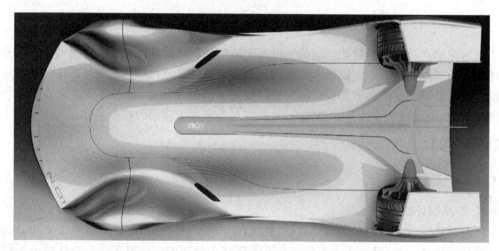

图 2-3　产品概念设计

3. 数字孪生产品设计模型

数字样机是指在计算机上表达的产品整机或子系统的数字化模型,它与真实物理产品之间具有一定比例和精确尺寸表达,用数字样机验证物理样机的功能和性能,可分为几何样机、功能样机和性能样机。数字样机对产品整机或具有独立功能的子系统进行数字化描述,这种描述不仅反映了产品对象的几何属性,被赋予各种属性和功能定义(包括材料、感知系统、机器运动机制等),还反映了产品对象的功能和性能。

产品的数字样机形成于产品设计阶段,用一个集成的三维实体模型完整地表达产品定义信息,将制造信息和设计信息(如三维尺寸标注、制造信息和产品结构信息),共同定义到产品的三维数字化模型中,保证设计和制造流程中数据的唯一性,可应用于产品的全生命周期,包括工程设计、制造、装配、检验、销售、使用、售后、回收等环节。数字样机在功能上可实现产品干涉检查、运动分析、性能模拟、加工制造模拟和维修规划等,如图 2-4 所示。

图 2-4　产品数字孪生模型

2.1.2　产品性能分析

产品设计中进行结构、振动分析、热、流体、电磁兼容等性能分析，模拟产品的强度、刚度、内部温度分布、固有特性和热流路径等，优化产品设计方案，从而提高产品可靠性，改进产品性能，降低生产成本。

1. 热分析

随着产品尤其是电子产品不断向小型化、多功能化和高性能化方向发展，产品内部器件的功耗和热流密度不断增加，温度对产品的影响也越发严重，造成材料热老、性能退化等，如不能有效进行散热设计，将直接影响系统可靠性和工作寿命。热分析是根据电子元器件的热特性和传热学的原理，采取各种结构措施控制电子设备的工作温度，使其在允许的温度范围之内。

热分析能够在方案设计阶段得到产品的热分布状况，对设计方案进行全面分析确定出产品的温度峰值，通过对方案的优化设计，可消除存在的热设计问题，可以在样机制作前就能判断设计是否满足产品的热可靠性，从而缩短产品开发周期，降低开发成本，提高产品通过率，如图 2-5 所示。

采用计算机辅助工程（CAE）方法使得设计工程师能够运用虚拟仿真技术构造虚拟样机，优化产品的热设计，借助于热仿真软件强大的后处理能力，找到影响系统散热能力的关键参数，并可快速对优化效果进行模拟，对影响系统散热的多种因素及影响程度进行定量的综合分析，为选择费效比最优的散热措施提供依据，减少设计、生产、再设计和再生产的费用，缩短产品的研制周期。因此，在设计阶段对产品热设计进行热仿真已成为设计过程中必不可少的一个环节。

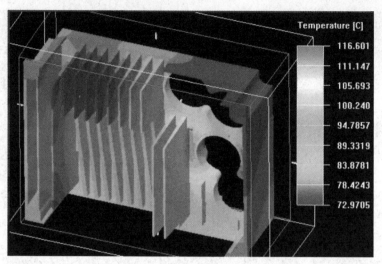

图 2-5　某产品热分析模型

2. 动力学分析

振动是物体相对于平衡位置所做的往复运动。振动在设备故障中占了很大比重,是影响设备安全、稳定运行的重要因素。振动直接反映了设备的健康状况,是设备安全评估的重要指标。一台设备正常运行时,其振动值和振动变化值都应该比较小。一旦设备振动值变大,或振动变得不稳定,说明设备会出现一定程度的故障。振动对设备安全、稳定运行的危害主要表现如下。

(1) 振动过大将会导致轴承疲劳损坏。

(2) 振动过大将会造成通流部分磨损,严重时将会导致轴弯曲。

(3) 振动过大还将使部件承受大幅交变应力,容易造成转子、联结螺栓、管道、地基等的损坏。

振动分析是一项非常重要的技术,为了避免机械设备异常振动所带来的故障及损失,产品的动态性能设计越来越受到设计人员的重视。动力学分析主要是分析结构在惯性和阻尼作用下结构的动力学行为,分析的常见手段是时域波形和频谱。振动三要素包括振幅、频率和相位。工程中常使用的分析类型有:模态分析(指定频率的谐波激励下,求取振幅和响应)、瞬态动力学分析(载荷随着时间变化)、简谐响应分析(频率为一个范围,简谐载荷下的响应)、随机振动分析(分析部件在变频载荷下的响应)、频谱分析(分析结构对地震等频谱载荷的响应)。

振动系统的动态性能分析无论是在理论分析上,还是在试验测试分析上,都已经达到了一定的水平。由于工业生产效率的提高,同时对生产安全也重视起来,为了避免由于非预期设计振动造成相应损失,机械设备的振动监控也日益加强。目前大型机组上普遍安装了振动监测系统,振动超标时启动保护动作或机组自动停机,从而保证设备的安全。

振动分析是预测性维修的基础,广泛应用于机械零件如轴承、轴、联轴器、转子、电机等的早期和严重故障的检测和监测等。通过振动分析,检测到的常见问题有不平衡、不对中、弯曲轴、滚动轴承故障、偏心、共振、松动、转子摩擦、流体膜轴承不稳定性、齿轮故障、皮带/滑轮问题,如图 2-6 所示。

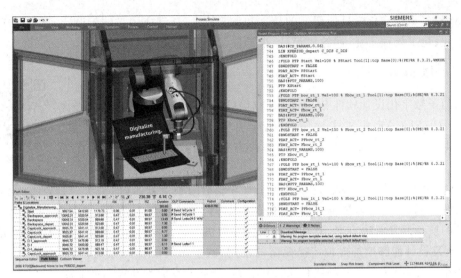

图 2-6　飞机模型振动分析

3. 流体分析

流体动力学应用已遍及航空航天、船舶、能源、石油化工、机械制造、汽车、生物技术、水处理、火灾安全、冶金、环保等众多领域。从高层建筑结构通风到微电机散热,从发动机、风扇、涡轮、燃烧室等旋转机械到整机外流气动分析,流体动力分析可谓无处不在,如图 2-7 所示。

图 2-7　飞机模型流体分析

流体分析的理论方法和实验方法存在较大的局限,发展得相当缓慢,而随着计算机技术的高速发展,计算流体动力学(Computational Fluid Dynamics,CFD)技术开始作为主要的流体分析方法,并得到了飞速的发展。CFD 是通过计算机数值计算和图像显示,对包含有流体流动和热传导等相关物理现象的系统所做的分析。CFD 方法是把原来在时间域及空间域上连续的物理量的场(如速度场和压力场),用一系列有限离散点上的变量值的集合来代替,通过一定的原则和方式建立起关于这些离散点上场变量之间关系的代数方程组,然后求解代数方程组获得场变量的近似值。

CFD 方法具有成本低和能模拟较复杂或较理想过程等优点,是进行传热、传质、动量传递及燃烧、多相流和化学反应研究的核心和重要技术,广泛应用于航天设计、汽车设计、生物医学工业、化工处理工业、涡轮机设计、半导体设计等诸多工程领域。

2.1.3 NX软件

西门子数字化设计软件Siemens NX(简称NX)是一款灵活且功能强大的CAD/CAM/CAE集成式软件,有助于更快、更高效地开发优质产品。NX提供了下一代的设计、仿真和制造解决方案,支持公司实现数字孪生的价值。

NX软件

NX支持产品开发中从概念设计到工程和制造的各个方面,提供了一套集成的工具集,用于协调不同学科、保持数据完整性和设计意图以及简化整个流程。NX提供灵活且颇具创新性的产品开发解决方案,其功能可简化并加快产品开发过程,有助企业快速将产品推向市场。NX设计能够增加虚拟产品模型的使用,减少昂贵的物理原型,从而交付"一次性满足市场需求"的产品。这样就能带来市场收益,降低开发成本并提高产品质量。

1. 自动化设计

自动化设计通过高水平的多学科协作提高工程生产率。NX能够对生产系统进行全面的工程设计,从机械概念到完整的程序。借助支持完整机器和工厂设计工作流程的工具集,探索全新水平的协作,在尽可能短的时间内提供高水平的设计质量。自动化设计功能提供独一无二的工程工具集,可使控制工程师以尽可能高的效率、质量和速度完成工作,如图2-8所示。

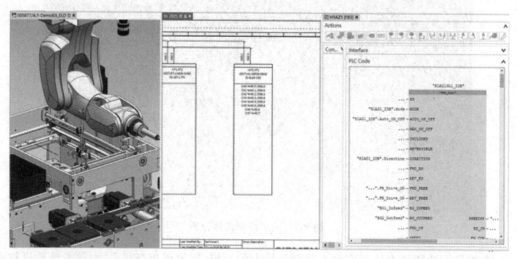

图2-8 自动化设计

电气和自动化工程师使用集成的数据模型在同一主干线上工作,节省时间并消除错误,直接集成机械工程数据并接收更新,从而改进整个组织的协作。集成系统还提高了工程结果的质量,同时通过将现有设计的机电模型与基于规则的工程相结合来消除非增值工作,从而提高了效率。与NX虚拟调试功能相结合,可加快从概念到现实的整个过程。

NX的集成系统提高了工程结果的质量,涵盖了电气设计、功能工程、集成化数据模型、机械设计集成、机电一体化模块、多学科协作和基于规则的工程等功能。

2. 设计互操作性

如图 2-9 所示,随着产品复杂化越来越高,尤其是依赖于集成化的电子产品,需要机械和电气两种系统的设计人员在整个开发过程中彼此协同,防止在设计完成之前出现冲突并确保系统间的一致性。NX 为机电设计提供一体化平台,高效的 ECAD-MCAD 协同设计流程可提供整体视角,消除新产品开发过程中代价高昂的机电问题。

图 2-9　设计互操作性

对航空航天、汽车、电子、机械和医疗设备制造商来说,机电一体化产品集成机械、电子和电气组件至关重要。NX 使企业实现将其开发过程转变为支持跨不同部门协同的并行设计和系统工程方法。

3. 设计验证

NX 提供可视化产品分析和验证工具,帮助用户快速整合信息、检查设计是否符合需求并做出正确决策。将产品分析和验证引入 3D 设计过程,从而帮助用户确保产品质量,减少误差和返工。NX 为 3D 设计提供关键的产品、业务和项目信息,并为用户提供自动化设计验证软件工具,自动持续监控用户设计是否符合标准和需求。可以帮助用户显著减少工程更改单(ECO)、制造缺陷、成本和延误,如图 2-10 所示。

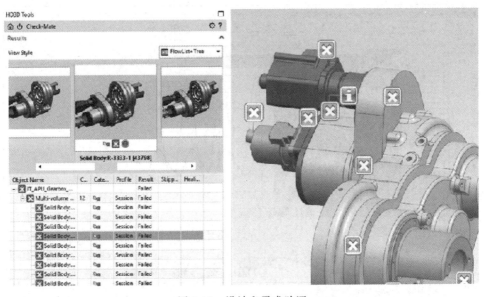

图 2-10　设计和需求验证

NX 提供的全息 3D 可视化报告能够帮助用户即时收集产品信息,并在 3D 设计环境中呈现这些信息所产生的影响。NX 中的产品分析可视化报告有助于用户进行评估、快速准确地解释数据、整合数据,最终做出更优决策,如图 2-11 所示。

图 2-11 可视化报告

NX 使设计仿真不仅仅是一种性能验证工具,而是在整个概念和设计过程中成为开发过程的有机组成部分,可以帮助设计师在开发过程的早期创建更好、更稳健的设计,同时缩短发布设计所需的总时间,这意味着更快的上市时间。使用 NX 中集成设计运动、结构和热仿真工具,用户可以从设计过程的最初阶段快速比较设计备选方案并优化性能特征,如图 2-12 所示。

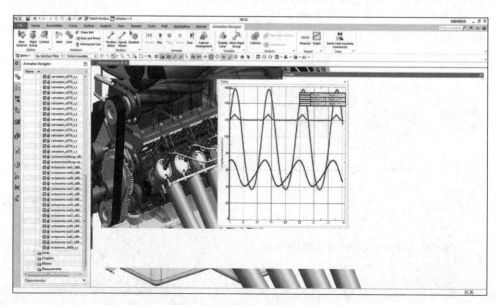

图 2-12 性能验证的设计仿真

4．制图和文档记录

用户可以使用高效的制图工具，快速从 3D 模型创建工程图纸。制图软件能自动从 3D 零件和装配模型创建图纸视图，帮助用户调整和缩放图纸视图以及安排图纸；全面的注释工具能在图纸中记录用户的制造需求；高级变更跟踪功能可减少图纸检查时间、消除误差。NX 包括强大高效的平面设计、布局、制图、注释和文档记录功能，非常适合 2D、2D/3D 混合和 3D 设计环境。

NX 符合主要的国家和国际绘图标准，选择好标准即可确保图形的所有元素都符合要求，如图 2-13 所示。

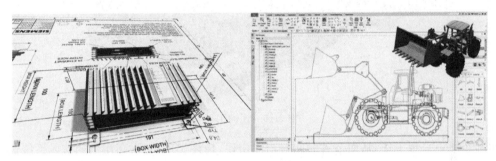

图 2-13　制图和文档记录

5．工业设计和造型

独特的设计和造型增加了企业的竞争优势，设计也是当今大多数行业差异化的主要因素。当然，设计不仅要从视觉上具有吸引力，还必须具备功能性、可制造性，并且其构建、支持和维护要十分经济。

NX 可提供灵活、可靠的计算机辅助工业设计和造型，提供可直接用于建模的快速概念设计，加速产品工程设计，如图 2-14 所示。

NX 提供了先进的形状创建、操控和分析功能。这些工具确保用户能够快速创建复杂且易于更改的自由曲面形状，如图 2-15 所示。

图 2-14　工业设计和造型　　　　图 2-15　自由曲面建模

使用 NX 可减少从实体开发 CAD 模型所需时间。用户可扫描数据并为 3D 打印创建支持、根据形状创建模具、将其包含在装配件中、对其进行分析，或执行任何其他必须使用 CAD 数据才能进行的操作，如图 2-16 所示。

6．工业电气设计

生产系统完整设计离不开电气系统设计，NX 使电气工程师能够与机械工程师和软件

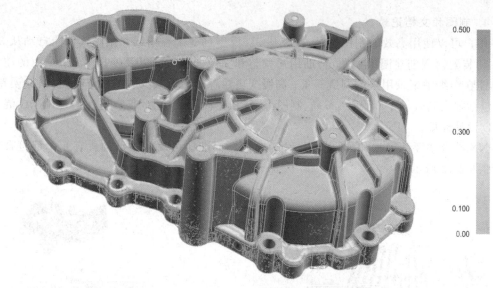

图 2-16　逆向工程

工程师在同一平台工作,从而节省时间并消除错误,最终实现高效、高质量的整体系统设计,如图 2-17 所示。

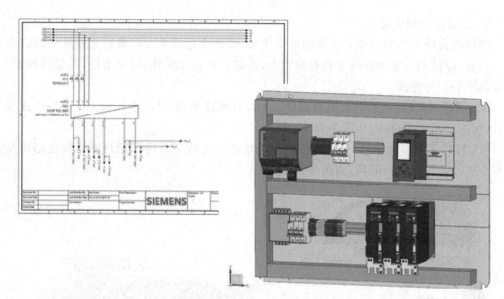

图 2-17　电气设计

NX 具备完整的机器电气设计能力,包括二维原理图设计、3D 机柜设计、功能工程、合并来自上游流程的数据、为下游流程提供数据、基于规则的工程、标准报告和模板等,如图 2-18 所示。

7. 知识复用

产品开发项目面临着缩短设计周期、降低开发成本、提高生产率和提高产品质量等问题。NX 全面的知识重用策略,有助于企业反复利用产品知识,使其充分发挥自身的价值,加速产品设计并降低成本,如图 2-19 所示。

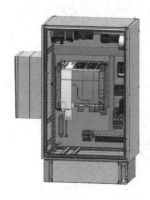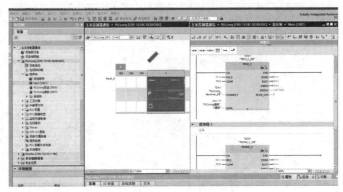

图 2-18　3D 机柜和电气设计扩展

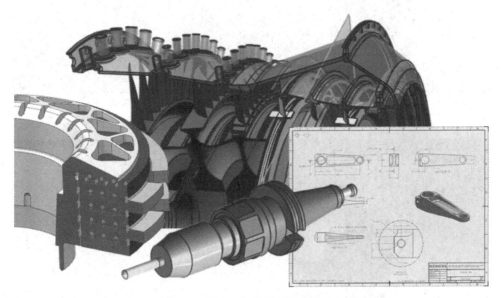

图 2-19　知识复用

8. 机电一体化概念设计

　　NX 为机械设计提供了多学科方法,消除了电气、机械和自动化工程师之间的障碍。可帮助用户提高设计速度,提升设计质量,从而不断给机械设计流程带来革新性的转变。机电一体化概念设计提供了端到端的解决方案,该解决方案能够从概念到生产评估实现多部门协同,重用现有知识,缩短上市时间,并做出较为合理的决策,如图 2-20 所示。

9. 基于模型的定义

　　基于模型的定义能够在 3D 模型内生成产品的完整数字化定义,从而取代传统绘图。设计者可以将模型用作单一数据源,通过整合产品和流程信息节省设计时间,完全展现设计意图,同时与模型相关联。与以绘图为中心的工作流程相比,NX 减少了在工程文档上花费的时间,推动了下游验证和制造工具,并减少了后期更改和产生废料。由于尺寸和公差信息来源相同,实现图纸和模型相一致。带注释的 3D 模型比复杂图纸容易理解,减少了培训需求和出错的概率,如图 2-21 所示。

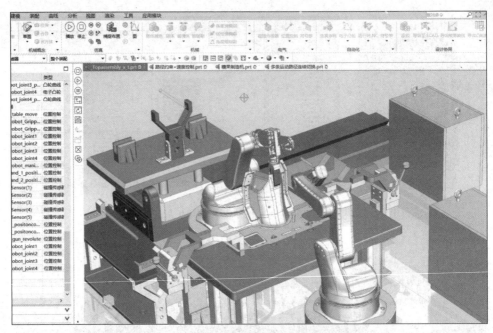

图 2-20 机电一体化概念设计

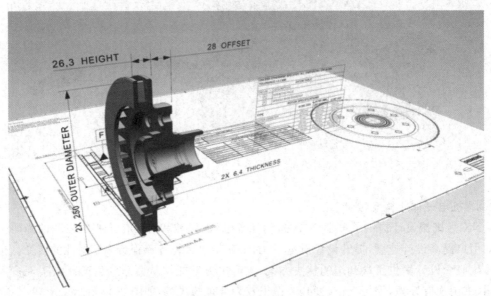

图 2-21 基于模型的定义

10. 产品建模

日渐复杂的产品和开发流程使企业面临巨大的挑战,NX 具有强大的功能和效率,从设计流程到产品开发的所有阶段实现成本节约,以更低的成本实现创新和品质提升。通过交替使用高效的建模方法加速创新,从直观的实体和曲面建模到参数化和直接建模,以及小平面建模,如图 2-22 所示。

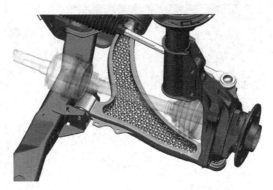

图 2-22 产品建模

11. 管路系统

NX 数字化产品开发解决方案包含一整套工具,可推动布线系统的整个设计过程,包括线束、线缆、管道、管线、管路和槽路。整套工具可缩短具体设计时间,提高产品质量,并可在逻辑设计、物理设计、分析、制造和服务部门之间无缝地传输产品信息。

NX 提供全面集成的 3D 电气布线和线缆设计应用程序,使用户能够在复杂装配环境中设计线缆和进行布线。电气布线工具可提供智能特征和功能,从而使线缆的设计、修改和分析等工作流程实现自动化。

借助流体和机械化布线工具,用户可以在装配中快速准确地定义路径,然后选择并放置管道、管线、管路、槽路和导管的标准零件。设计规则检查能够帮助用户定位并解决问题,从而保证质量,如图 2-23 所示。

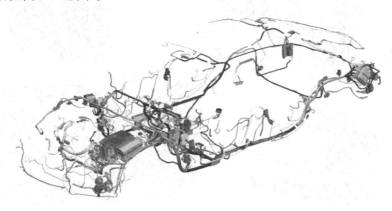

图 2-23 管路系统

12. 基于工作流程的解决方案

企业借助 NX 从概念到详细设计、分析到制造等环节的集成工具,能够缩短设计迭代的间隔时间,从而加速将优质的产品推向市场。针对各行各业的具体需求提供专门的工作流程解决方案。凭借多年来对关键行业需求掌握而积累下来的经验,可帮助企业快速实现其产品和流程价值。例如,通过一套广泛而深入的自由曲面设计功能,实现快速准确的几何体建模;集成机械、电子和电气设计与流程,提供更高品质的机电驱动系统等,如图 2-24 所示。

图 2-24　工作流程解决方案

13. 仿真驱动型设计

仿真可以用于合成和定义物理设计,不仅是简单地评估和验证最终设计。新型制造企业正在利用先进的仿真技术和开发流程提供质量更高、生命周期更长的产品。仿真驱动型设计可以实现设计周期的前端装载仿真,将开发流程前移,用户可以将仿真直接嵌入设计环境和流程,如图 2-25 所示。

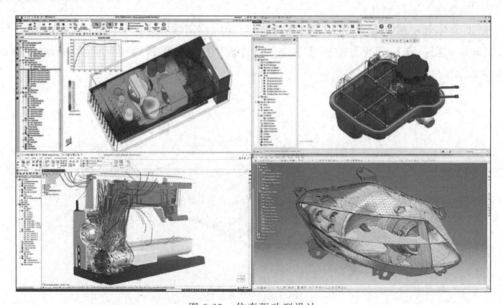

图 2-25　仿真驱动型设计

【任务实施】

任务 2.2　基于 NX 智能 U 盘组装工作站设计

2.2.1　NX CAD 基础

NX CAD 是当前比较流行三维软件,包括了强大且广泛的产品设计应用模块,具有高性能的机械设计和制图功能，满足客户设计复杂产品的需要，具有专业的管路和线路设计系统、钣金模块、专用塑料件设计模块和其他行业设计所需的专业应用模块，可以迅速建立和改进复杂产品的形状，使用先进的渲染和可视化工具实现概念设计的要求，在仿真优化、模具设计和 NC 加工等方面具有一定的优势。

1. NX 基本环境模块

NX 基本环境模块是执行其他交互应用模块的先决条件，是用户打开 NX 软件时进入的第一个应用模块。在计算机左下角处选择"开始"→Siemens NX→NX 命令，可以打开 NX 1953 启动界面，如图 2-26 所示，之后就会进入 NX 1953 初始环境模块，如图 2-27 所示。

图 2-26　NX 1953 启动界面

图 2-27　NX 1953 初始环境模块

环境模块给用户提供一个交互环境，可打开已有部件文件、建立新的部件文件、保存部件文件、选择应用、导入和导出不同类型的文件，以及其他一般功能。该模块还提供强化的视图显示操作、视图布局和图层功能、工作坐标系操控、对象信息和分析及联机访问帮助。在 NX 中，通过选择新建命令，可以直接打开其他相应的模块。

2. 零件建模应用模块

零件建模应用模块（简称模型模块）是其他应用模块实现其功能的基础，由它建立的几何模型广泛应用于其他模块。在新建模型时，该模块能够提供一个实体建模的环境，从而使用户快速实现概念设计。用户可以交互式地创建和编辑组合模型、仿真模型和实体模型，可以通过直接编辑实体的尺寸或者通过其他构建方法编辑和更新实体特征。

模型模块为用户提供了多种创建模型的方法，如草图工具、实体特征、特征操作和参数化编辑等。一个好的建模方法是从草图工具开始的。在草图工具中，用户可以将自己最初的一些想法，用概念性的模型轮廓勾勒出来，便于抓住创建模型的灵感。一般来说，用户创建模型的方法取决于模型的复杂程度，用户可以选择不同的方法创建模型。

3. 装配建模应用模块

装配建模应用模块（简称装配模块）用于产品的虚拟装配。装配模块为用户提供了装配部件的一些工具，能够使用户快速地将一些部件装配在一起，组成一个组件或者部件集合。用户可以增加部件到一个组件，系统将在部件和组件之间建立一种联系，这种联系能够使系统保持对组件的追踪。当部件更新后，系统将根据这种联系自动更新组件，还可生成组件的爆炸图，支持自顶向下装配、从底向上装配和并行装配三种装配的建模方式。

4. 图纸应用模块

图纸应用模块（简称图纸模块）是让用户在建模应用中创建三维模型，或在使用内置的曲线/草图工具创建的二维设计布局中生成工程图纸。图纸模块用于创建模型的各种制图，一般是在新建模块时同步创建。在图纸模块中生成制图的最大优点是，创建的图纸都和模型完全相关联。当模型发生变化后，该模型的制图也随之发生变化。这种关联性使用户修改或者编辑模型变得更为方便，因为只需要修改模型，并不需要再次修改模型的制图，模型的制图将自动更新。

5. NX CAD 界面

用户启动 NX 后，在新建一个模型文件时，系统提供不同类型的模板，如图 2-28 所示。

在新建一个文件或者打开一个文件时，将进入 NX 的基本操作界面，如图 2-29 所示为一个空文件的操作界面。NX CAD 的基本操作界面主要包括标题栏、菜单栏、工具条区、提示栏、绘图区和资源条等。

2.2.2 基于 NX CAD 的 U 盘建模

U 盘智能产线虚拟仿真设计，需要对产线中的原料、设备等物理实体进行 1∶1 三维建模，本任务以 U 盘产品的零部件为例，介绍基于 NX CAD 的锁螺钉式 U 盘、卡扣式 U 盘、U 盘包装盒的三维数字化建模设计。

1. 锁螺钉式 U 盘

锁螺钉式 U 盘装配体主要由壳体、U 盘盖、螺钉和芯片体组成，如图 2-30 所示。

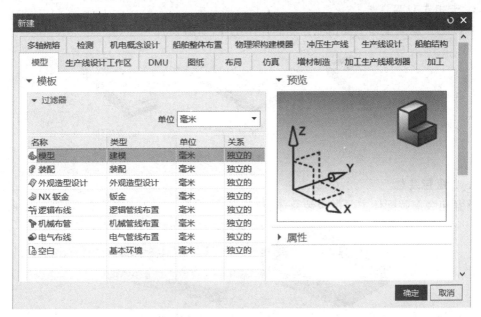

图 2-28 "新建"对话框

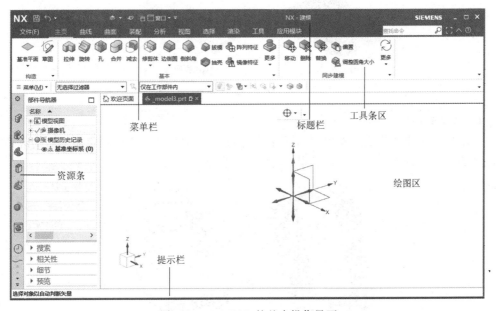

图 2-29 NX CAD 的基本操作界面

(a) 壳体　　(b) U 盘盖　　(c) 螺钉　　(d) 芯片体　　(e) U 盘装配体

图 2-30 锁螺钉式 U 盘

2. 卡扣式 U 盘

卡扣式 U 盘装配体主要由壳体和芯片体组成，如图 2-31 所示。

(a) 壳体　　　　　　(b) 芯片体　　　　　　(c) 装配体

图 2-31　卡扣式 U 盘

3. U 盘包装盒

U 盘包装盒装配体主要由包装盒体、包装盒盖、泡棉内衬和底座组成，如图 2-32 所示。

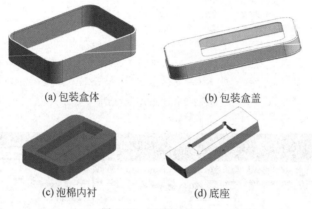

(a) 包装盒体　　　　　　　　(b) 包装盒盖

(c) 泡棉内衬　　　　　　　　(d) 底座

图 2-32　U 盘包装盒

4. U 盘成品

三维数字化建模装配完成的 U 盘成品是经过 U 盘智能产线个性化定制之后的成品，包含产品的基本信息和用户个性化元素，如图 2-33 所示。

图 2-33　U 盘成品

2.2.3　基于 NX CAD 的装配工站建模

1. 卡扣式 U 盘组装工站组成

卡扣式 U 盘组装工站是数字化 U 盘智能产线中的一个装配单元，集成了可编程控制器、工业机器人、变频控制、人机交互、RFID、智能传感器、工业互联网、云平台等技术，实现组装工站与总站的信息互通互享,产品的可溯性大大提高。工站既可以实现本地控制,也可以借助云平台实现远程监测。基于数字孪生技术,借助 NX MCD 功能可实现装配工站设备运动虚拟仿真,为实际物理工作站的制作提供真实数据。

卡扣式 U 盘组装工站模型包含原料、三组传输线、一个四轴工业机器人、辅助装置等部件,如图 2-34 所示。

2. 卡扣式 U 盘组装工站零部件

1) 原料托盘

原料托盘有定位和导向装置,产线中托盘外形尺寸均相同。依据不同种类的 U 盘零部件外形设计托盘,托盘上均安装 RFID 标签以记录当前载具上承载的原料信息,如图 2-35 所示。

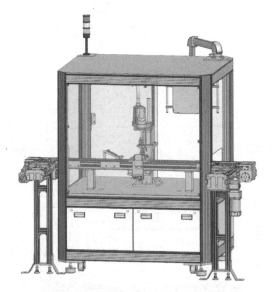
图 2-34　卡扣式 U 盘组装工作站模型

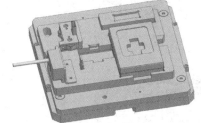
图 2-35　托盘载具模型

2) 四轴工业机器人

工作站的组装工序主要由四轴工业机器人完成,四轴工业机器人安装在台面上,如图 2-36 所示。在虚拟仿真设计中,如选用标准的成熟成品或组件,可以向设备供应商联系确认是否有已建好的工业机器人三维建模,以减少建模设计时间,提高设计效率。

3) 工业机器人末端执行器

工业机器人在装配过程中零部件的夹取与搬运,采用一套定制化气动夹爪,如图 2-37 所示。

4) RFID 读写器

组装工站借助 RFID 射频技术实现数据采集,保证信息的准确性,即由载具上的 RFID 标签信息反馈出当前原料的加工信息,如图 2-38 所示。

5) 工业级彩色触摸屏

工业级彩色触摸屏为精智面板,悬臂由高品质阳极氧化铝型材及连接件组成,两侧带把手,如图 2-39 所示。

图 2-36 机械手臂（四轴工业机器人）

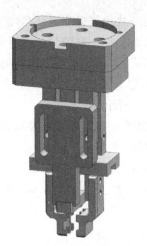

图 2-37 气动夹爪

图 2-38 RFID 读写器

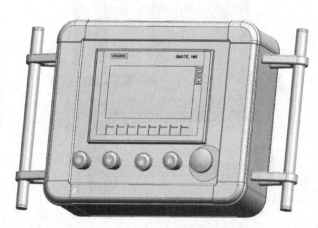

图 2-39 工业级彩色触摸屏

6）传输系统

工作站的传输系统由三段传输带组成，总长约 1200mm。采用双列皮带式输送机驱动，流水线宽度与对应机构配套，使用变频调速电动机及换向减速器，如图 2-40 所示。

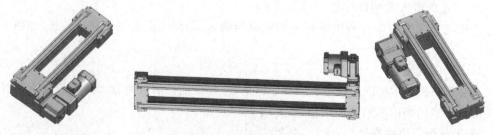

图 2-40 传输系统模型

7）顶升定位组件

载具顶升定位机构包含支撑件、载具挡停机构，用于 U 盘安装时将托盘和载具固定在设定的位置,提高定位精度,便于工业机器人末端执行器定位抓取,如图 2-41 所示。

8) 滑道

创新性地使用了滑道机构实现将竖直的 U 盘旋转 90°变成水平放置,利用 NX 的数字化设计软件,在虚拟仿真环境下,修改滑道曲线参数确保 U 盘能顺利滑到底部且不被滑道卡住。最终完成由四轴工业机器人代替六轴工业机器人完成组装和搬运的功能,充分发挥了四轴工业机器人速度快的优势,既提高了产品的生产效率又降低了设备成本,如图 2-42 所示。

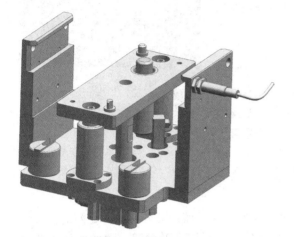
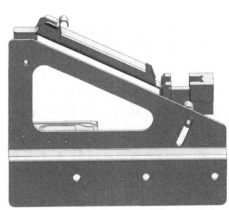

图 2-41　顶升定位组件　　　　　图 2-42　U 盘变位滑道

9) 传输带

U 盘智能产线中,U 盘原料或半成品需要在不同的工站之间进行传送,产线中工站都采用 U 型多段传输带,用于载具和物料的流转,如图 2-43 所示。

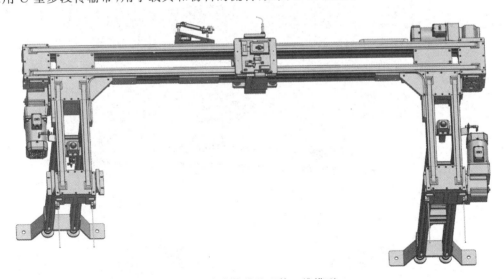

图 2-43　传输带装配体三维模型

10) 工作站机架

工作站框架分上、下两层,包括四个立柱和十二个分别设于四个立柱两端之间的横梁,立柱和横梁成方形框架结构,垂直相邻的立柱和横梁通过法兰连接固定。

机架下层可作电控柜,布置电气元件。电控柜正面开合门,门上配铝型材拉手及磁吸部件。机架上层布置机械部件,台面为钢板。机架上部四周全部使用亚克力作为封板,开合门上配铝型材拉手,门上安装对应的安全门锁。

机架正面左上角安装三色灯塔,右侧安装触摸屏悬臂。机架带脚轮及固定垫块,便于移动和固定,如图 2-44 所示。

3. 卡扣式 U 盘组装工站爆炸图

产品说明书中都有装配示意图,便于图解说明产品各组成构件和用户自己安装调试。具有立体感的分解说明图就是最为简单的爆炸图。爆炸图使工程技术人员在绘制立体装配示意图时更加轻松,不仅提高了工作效率还减少了工作的强度。如今这项功能不仅用在工业产品的装配使用说明中,而且越来越广泛地应用到机械制造中。

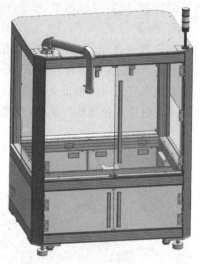

图 2-44　卡扣组装工作站机架装配体三维模型

如何能更简洁地表述产品装配关系?能够让所有人看懂产品各零部件之间的关系?爆炸图可以解决这一问题,爆炸图功能实现多个物体模型拆解展开效果。多个物体模型要做爆炸图,需对整个场景进行展开,可以将模型进行移动、添加事件等操作。把复杂的设备/产品清晰、直观地表达,让使用者迅速了解设备/产品等内部空间结构的分布。卡扣式 U 盘组装工站爆炸图如图 2-45 所示。

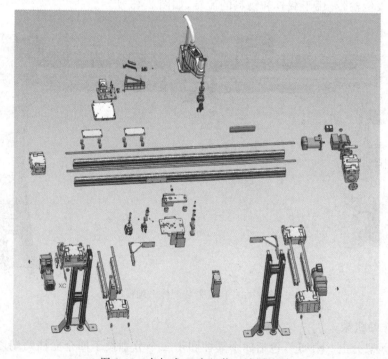

图 2-45　卡扣式 U 盘组装工站爆炸图

2.2.4 基于 NX MCD 的装配工站运动仿真

1. 认知 NX MCD 功能块

1）机电一体化概念设计

机电一体化概念设计（Mechatronics Concept Designer，MCD）是一种全新的解决方案，适用于机电一体化产品的设计与调试。MCD 基于西门子 NX 平台，可提供 CAD 设计需要的机械设计功能。借助该软件，可对包含多物理场以及与机电一体化产品中的自动化相关行为的概念进行 3D 建模和仿真。MCD 支持功能设计方法，可集成上游和下游工程领域，包括需求管理、机械设计、电气设计以及软件自动化工程。MCD 可加快机械、电气和软件设计产品的开发速度，专注于机械部件、传感器、驱动器和运动的概念设计，不断提高产品生产率、缩短设计周期、降低成本。

MCD 作为机电一体化的多学科并行虚拟调试平台，打破传统的机械、电气、自动化的串行设计，将机械、电气、自动化包括软件等多个学科集成在同一平台，通过统一的数字化模型解决了多学科之间的协同问题，消除了电气、机械和自动化工程师之间的障碍。如图 2-46 所示，在该技术的支撑下实现产品及自动化设备的开发、制造工艺的规划，能节省大量的时间，减少制造样机和产品测试产生的成本。

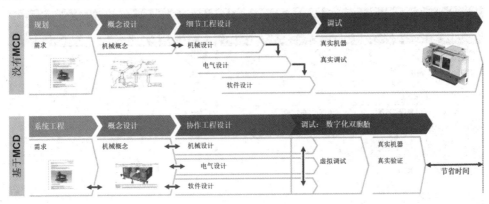

图 2-46 基于 MCD 的工作流程

2）NX MCD 界面

用户启动 NX 后，新建一个机电概念设计文件（图 2-47）时，系统提供两种不同类型的模板。

在新建一个 MCD 文件或者打开一个 MCD 文件时，将进入机电概念设计基本操作界面，如图 2-48 所示为一个空文件的操作界面。

MCD 操作视频

3）机电概念设计流程

机电一体化概念设计的典型工作流程如下。

(1) 定义设计需求：①搜集、构建如响应时间和消耗等项目设计的必要条件；②添加源于主条件的次要需求条件；③把各个需求条件连接在一起；④添加各个需求的详细信息。

(2) 创建功能模型：①定义系统的基本功能；②基于功能分解，进行分层处理；③为功能设计建立可选项；④建立可重用的功能单元；⑤添加参数化表达功能单元的输出和需求

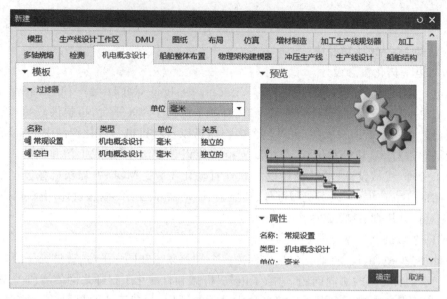

图 2-47 "新建"对话框

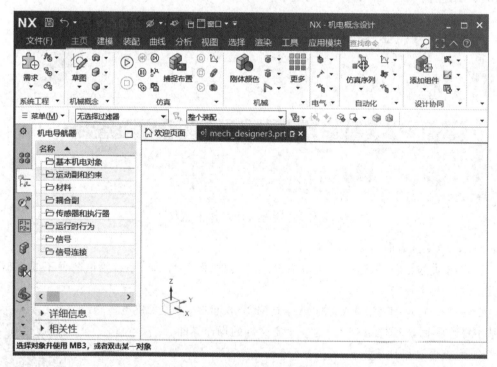

图 2-48 机电概念设计基本操作界面

的必要条件。

(3) 创建逻辑模块：①定义系统的逻辑模块；②基于功能分解，进行分层处理；③为逻辑设计建立可选项；④建立可重用的逻辑单元；⑤使参数化模块与模块功能相结合。

(4) 创建连接以表明功能单元与逻辑模块之间的从属关系。

(5)定义机电概念：①草绘机器的基本外观；②为功能单元和逻辑模块分配机械对象；③添加运动学和动力学条件。

(6)添加基本的物理学约束和信号：①添加基本的物理学速度约束和位置执行器；②添加信号适配器；③为功能单元和逻辑模块分配信号适配器对象。

(7)定义时间顺序执行序列：①定义执行器操作控制源；②设计基于时间的执行序列；③为相应的功能树分配执行操作；④为对应的逻辑树分配执行操作。

(8)添加传感器，用于触发系统中各个带有传感对象组件的碰撞事件，或者被设定为信号适配的传感器。

(9)定义基于操作的事件：①定义能被事件触发的操作，触发条件可以是传感器或机电系统中的其他对象，如执行器是否到达了某个位置等；②为功能树中相关的功能分配操作。

(10)用详细的模型替换概念模型，并且转换物理对象从粗糙几何体到详细几何体。

(11)用 ECAD(机电协同，即电路设计和机械结构设计的交互)分配传感器和执行器。

(12)依照格式导出顺序操作程序，在 STEP 7 等工程软件中实现顺序操作的编程。

(13)通过 OPC(用于过程控制的工业标准)连接测试 PLC(可编程控制器)程序的功能。

2．U 盘组装工作站机电一体化概念设计

1)工作流程设计

基于 NX CAD 建立 U 盘组装工作站模型，如图 2-49 所示，可以通过 NX MCD 软件进行机电一体化概念设计。

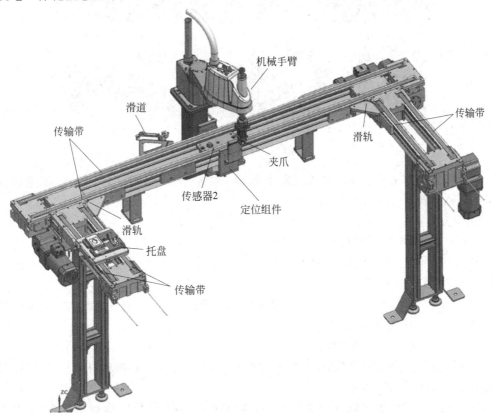

图 2-49　U 盘组装工作站三维模型

组装工作站工作流程如图 2-50(a)～(i)所示,依次描述如下。

(1) 托盘载着 U 盘外壳和 U 盘芯片体,沿着传输带运动。

(2) 当到达装配位置时,定位组件夹住托盘,托盘停止运动,工业机器人进入待抓取状态。

(3) 末端执行器抓取 U 盘芯片体放到 U 盘外壳上。

(4) 末端执行器上的压料块将 U 盘芯片体压入到 U 盘外壳里面。

(5) 末端执行器抓取 U 盘外壳和 U 盘芯片体一起放到滑道上。

(6) U 盘产品组装体通过滑道机构实现竖直和水平方向的改变。

(7) 末端执行器抓取 U 盘产品组装体。

(8) 将 U 盘产品组装体放到托盘装配区域位置。

(9) 定位组件松开托盘,托盘沿着传送带继续运动,进入下一道工序。

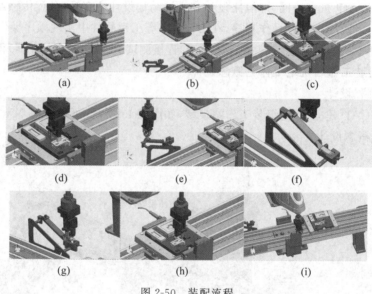

图 2-50 装配流程

U 盘组装工作站概念设计包括托盘、传输带、工业机器人、仿真序列设计。下面以传输带机电一体化概念设计为例进行介绍。

2) 设置基本机电对象

(1) 设置左侧传输带碰撞体。

① 将两个传输带设置为"碰撞体",碰撞形状为"凸多面体",碰撞材料为"默认材料",碰撞类别为"1",如图 2-51 所示。

② 将两个支架、垫块、导轨设置为"碰撞体",碰撞形状为"多个凸多面体",碰撞材料为"0.1 动摩擦",碰撞类别为"2",如图 2-52 所示。

(2) 设置中间传输带碰撞体。

① 将两个传输带设置为"碰撞体",碰撞形状为"凸多面体",碰撞材料为"默认材料",碰撞类别为"1",如图 2-53 所示。

② 将两个支架、垫块设置为碰撞体,碰撞形状为"凸多面体",碰撞材料为"0.1 动摩擦",碰撞类别为"2",如图 2-54 所示。

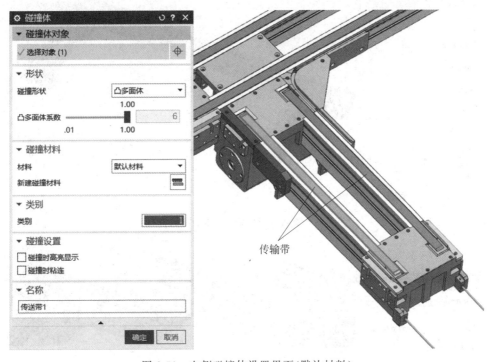

图 2-51　左侧碰撞体设置界面（默认材料）

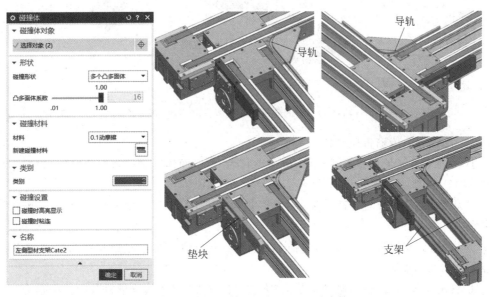

图 2-52　左侧碰撞体设置界面（0.1 动摩擦）

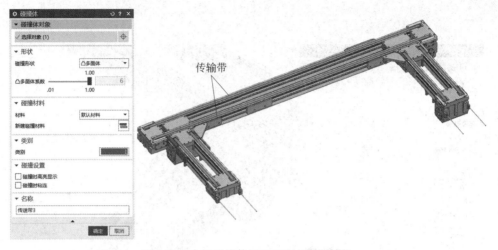

图 2-53 中间碰撞体设置界面(默认材料)

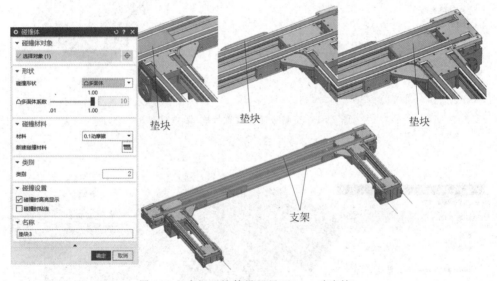

图 2-54 中间碰撞体设置界面(0.1动摩擦)

(3) 设置右侧传输带碰撞体。

① 将两个传输带设置为碰撞体,碰撞形状为"凸多面体",碰撞材料为"默认材料",碰撞类别为"1",如图 2-55 所示。

② 将垫块、导轨设置为碰撞体,碰撞形状为"凸多面体",碰撞材料为"0.1 动摩擦",碰撞类别为"2",如图 2-56 所示。

③ 将导轨、支架设为碰撞体,碰撞形状为"多个凸多面体",碰撞材料为"0.1 动摩擦",碰撞类别为"2",如图 2-57 所示。

④ 将垫块设为碰撞体,碰撞形状为"方块",碰撞材料为"默认材料",碰撞类别为"2",如图 2-58 所示。

⑤ 将滑梯内壁设成四个碰撞体,碰撞形状为"凸多面体",碰撞材料为"默认材料",碰撞类别为"0",如图 2-59 所示。

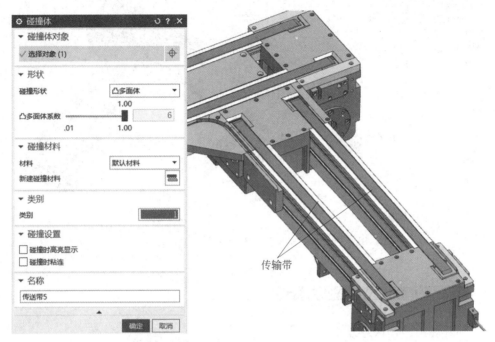

图 2-55 右侧碰撞体设置界面(默认材料)

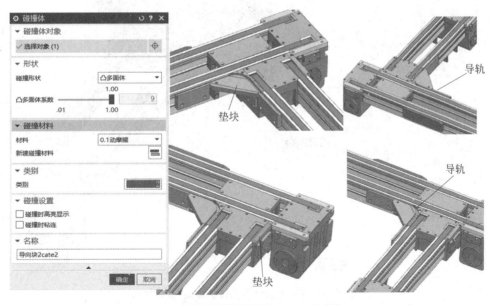

图 2-56 右侧碰撞体设置界面(0.1动摩擦)(1)

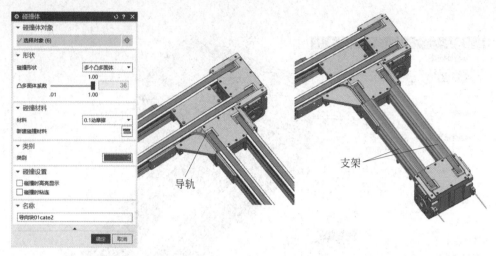

图 2-57 右侧碰撞体设置界面(0.1动摩擦)(2)

图 2-58 右侧垫块的碰撞体设置界面(默认材料)

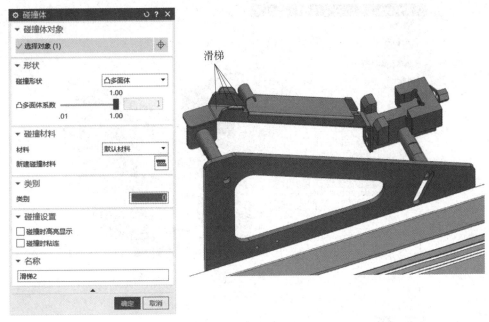

图 2-59 滑道碰撞体设置界面(默认材料)

⑥ 将滑梯平台设成 2 个碰撞体,碰撞形状为"多个凸多面体",碰撞材料为"0.1 动摩擦",碰撞类别为"0",如图 2-60 所示。

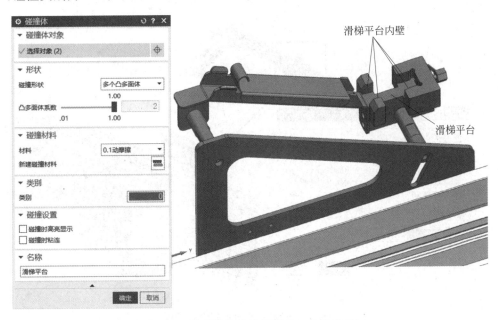

图 2-60 滑道碰撞体设置界面(0.1动摩擦)

(4)设置固定组件基座为刚体(图 2-61)。
(5)设置运动副。设置固定组件基座为固定副的连接件,如图 2-62 所示。
(6)设置传感器。创建一个圆柱,然后设置成碰撞传感器。位置距离和碰撞传感器参

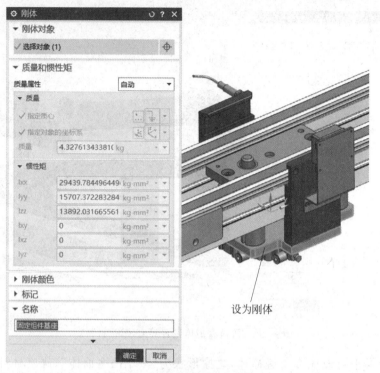

图 2-61 固定组件刚体设置界面

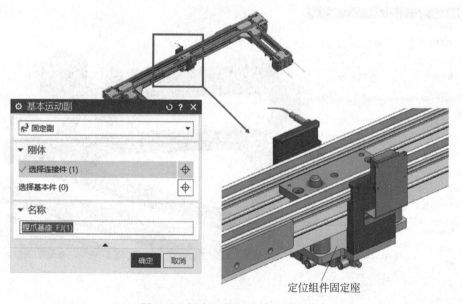

图 2-62 固定组件固定副设置界面

考面平齐,如图 2-63 所示。

(7) 定制运动时的行为。设置固定组件为握爪,基本体为底座,两侧为手指 1 和手指 2。设置检测区域"X 偏移"为 100mm,"Y 偏移"为 100mm,"Z 偏移"为 30mm,设置手指的"初始位置"为 10mm,"最大位置"为 15mm,"速度"为 6.4mm/s,如图 2-64 所示。

图 2-63 碰撞传感器设置界面

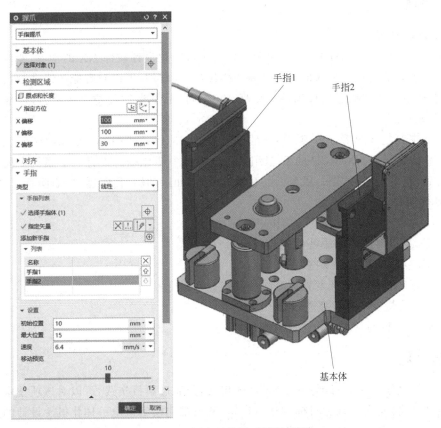

图 2-64 固定组件握爪设置界面

(8)设置传输面。将图2-65中6个传输带设置为传输面,传输方向如箭头方向所示,平行速度为200mm/s。

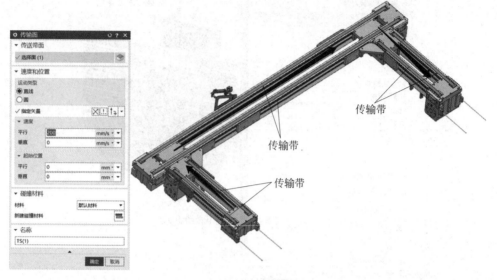

图2-65　传输带的传输面设置界面

【任务回顾】

1. 知识点总结

通过产品设计与产品性能分析,以及对西门子数字化设计软件NX的学习,能对产品设计方法及实现方法有较为深入的了解。基于NX CAD软件,可以对智能产线进行三维建模设计,结合机电一体化概念设计软件NX MCD进行产品制造过程仿真分析,可以加快设计流程,降低成本。

本任务主要包含两部分内容:第一部分是基于NX CAD的U盘及U盘组装工作站建模;第二部分是基于NX MCD的U盘组装工站机电一体化概念设计。本案例主要涉及的知识点有建模、装配、爆炸图;基本机电对象的设置,如运动副、传感器、传输面等。

2. 思考与练习

(1) 什么是产品数字化设计,其作用有哪些?
(2) NX可以对产品的哪些性能进行分析?
(3) NX软件的功能有哪些?
(4) NX CAD软件的开发界面有哪些基本操作指令?
(5) 什么是机电一体化概念设计?
(6) NX MCD的基本操作步骤有哪些?

【项目总结】

本项目涵盖了NX CAD与NX MCD知识内容,通过项目实践,可以对该项技术具有一个系统的认知,能把握从任务目标到项目构思、从三维建模到机电一体化概念设计的全部实施方法,为进一步学习虚拟调试打下基础。

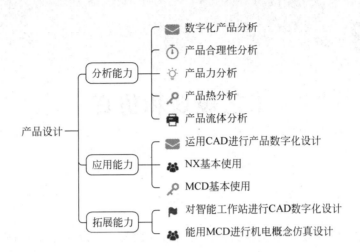

项目 3

工艺规划和仿真

【项目引入】

传统的工艺设计方法通常是根据预估的制造特性及参考设计方提供的图纸、模型和相关设计要求,然后对制造处理工艺单元的产品尺寸、结构进行选择计算,然后对工艺过程进行基于经验的分解。其不足在于,难以获取设计参数与生产设备之间的定量关系,是一种黑箱方法。

随着现代资源成本的提高,工厂设备越发昂贵,生产工艺也越发复杂,如何合理利用资源,合理规划产线是企业提高竞争力的重要问题。

企业在生产规划阶段,在三维虚拟环境下提前进行产线布局和生产工艺过程设计仿真,就可以优化工厂规划、验证产品制造工艺的可行性,在规划阶段发现潜在问题并加以解决,从而避免时间和资金的浪费。

数字化工艺仿真是利用产品的三维数字样机,对产品的装配过程统一建模,在计算机上实现产品从零件、组件装配成产品的整个过程的模拟和仿真。这样,在建立了产品和资源数字模型的基础上,就可以在产品的设计阶段模拟出产品的实际生产过程,而无须实物样机,使合格的设计模型加速转化为产品。

【知识图谱】

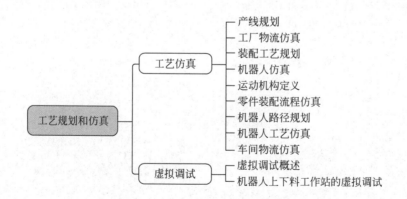

任务 3.1 工艺仿真

【任务描述】

基于虚拟现实的工艺仿真能够在三维沉浸式的虚拟环境中真实再现一个具体的工艺过程,并且允许用户实时操作工艺设备或改变相关参数。它是产品设计与制造过程的有力辅助工具,它能够让用户在产品开发或生产规划阶段对产品的工艺过程进行仿真和评估,从而能够验证和优化生产工艺。

工艺规划仿真

工艺仿真(1)

工艺仿真(2)

工艺仿真(3)

工艺仿真(4)

【知识学习】

3.1.1 产线规划

实施精益生产首先要做好产线的规划,产线单元化能给生产带来有力的改变,例如,生产周期受控、提高作业效率和转产应变能力、生产过程可视化、提升产品质量等。在制造业中,产线是产品形成的重要阵地,确保产品在投入生产前做好产线规划是非常重要的。

产线规划

产线规划是指工厂及其产线的平面布置图。工厂及其产线的平面布置图在工程上一般是指建筑物等展现空间的布置和安排方案的一种简明图解形式,用以表示厂房建筑空间区域布置、工艺产线平面布置、仓储物流的平面布置等。通过产线规划可以在三维虚拟环境中快速对产品线的布局进行设计和可视化,并将其关联到制造规划当中,指定每个生产步骤到管理单一制造资源(例如机器人和夹具)等一系列操作,可以优化流程,如图 3-1 所示。

图 3-1 产线规划的三维模型

概括地说,产线的规划目标是减少人员、库存、面积和设备投入,即以最少的钱、最少的人和最少的面积进行批量生产。这里的人员、库存、面积和设备应是以全价值链(从产线到入场物流)进行考虑。以质量、安全和环境可行性为前提,以人、机、料三方面的成本实现最优规划,最终转化为成本进行最优化平衡。

产线规划的内容主要包括确定生产流程、规划工装设备、优化工位设计、减少延时等待、确定节拍设置、操作者人机工程分析、产品差异分析等。产线规划设计以产线为中心开展,根据由内向外(从产线到流水线)原理模拟和优化所有生产过程,以流程优化为焦点,同步考虑产品细节优化;或以机器为中心开展,根据由内向外(从产线到物流水线)原理模拟和优化所有生产过程,根据流动原则调整结构和布局(鱼骨原则),避免生产孤岛。

3.1.2 工厂物流仿真

工厂物流仿真即智能工厂物流仿真,如图3-2所示。智能工厂包含但不限于智能生产和智能物流,智能工厂通过智能物流体系实现工厂内部的整合,以及与供应商端和客户端之间的协同,从而实现订单交付全过程的打通。智能生产作为交付过程中的一个环节,是将智能生产设施嵌入到智能物流系统中,从而实现"制造工厂物流中心化"。

工厂物流仿真

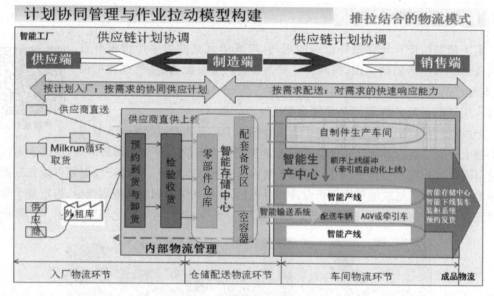

图3-2 物流体系与智能工厂

工厂物流规划是一个系统规划过程,从技术角度看,智能工厂中的物流既可以是工厂建设中的一个子模块,也可以是一个相对独立的模块与其他模块对接,只需要梳理清楚智能工厂中智能物流的需求、物流系统结构和相应的接口三个部分,就可以将智能物流落地。智能工厂的物流系统可以看成是传统工业工程中物料搬运的升级,结合精益思想的应用,在其基础上更加数字化、网络化、系统化、柔性化等。

物流仿真是一种评价配送中心、仓储中心、分拣中心、运输中心等系统整体能力的方法。在工厂规划阶段准确地判断产能配置是否满足规划需求、仓储系统设计是否合理、物料配送效率是否高、如何结合订单情况调整生产等制造企业常见的问题,可借助工厂物流仿真技术快速解决。在实际生产过程中,产品生产周期内大部分时间都用于存储、装卸、搬运等流转过程,这些物流影响了整个生产过程。物流仿真是针对物流系统进行系统建模,编制相应的应用程序,模拟实际物流系统运行状况,并统计和分析模拟结果,用以指导实际物流系统的规划设计与运作管理。

Plant Simulation(PS)是工厂、产线及生产物流过程仿真与优化的软件,能够对车间布局、生产物流设计、产能等生产系统的其他方面进行定量的验证并根据仿真结果找出优化方向,从而能够在方案实施前对方案实施后的效果进行验证。通过 PS 软件(图 3-3)可以实现布局规划及仿真、产线产能仿真及优化、车间物流仿真、装配线平衡等功能。PS 已被广泛应用于工厂生产、物流配送和港口货运等场合,同时也被很多国内外高校和职业院校用于专业教学和科学研究。

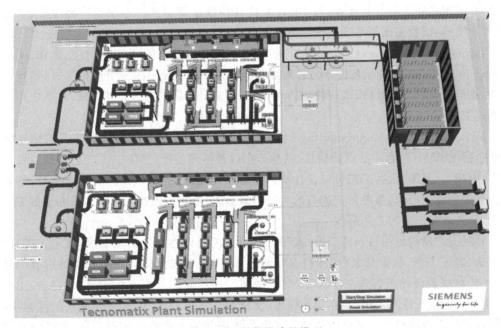

图 3-3 PS 软件搭建的模型

在新产线规划阶段,利用物流仿真技术可以对工厂的产线布局、设备配置、工艺路径、物流等进行预规划,并在仿真模型"预演"的基础上进行分析、评估、验证,提前发现规划中的缺陷和错误,并进行调整与优化,减少后续生产执行环节对实体系统的更改与返工次数。同时基于仿真模型,可以加快项目规划进度,一方面有效减少人员和时间的浪费,另一方面尽量缩短新工厂从规划到投产时间。

针对一个实际问题逐步开展仿真建模,可以按照以下步骤实施:①确定仿真需求;②分析仿真系统;③采集数据;④创建模型;⑤验证模型;⑥进行仿真实验和仿真分析;⑦评估仿真结果;⑧确定优化方案。

3.1.3 装配工艺规划

当前大型装备制造业的产品结构普遍比较复杂,产品配套的零件品种和数量众多。如何将数量繁多、结构复杂的零件按规定的技术要求进行组配和连接,使之成为半成品或成品的工艺过程是装配工艺所要研究的内容。产品的复杂性导致了产品装配过程的复杂性,二者也是影响产品制造周期最主要的因素。产品装配在整个制造过程中,占据了很重要的地位。据统计,产品的装配费用占整个生产成本30%～50%甚至更高,因此以提高质量和效率、降低成本为目标,对产品装配工艺进行改进和再规划,是增强制造业竞争力的重要环节。

企业要在最短的时间内高质量完成产品的制造任务,加快新产品的研制,必须在设计和制造观念及手段上突破传统方法,从过去的凭经验,依靠物理试验的方法转变为采用数字化仿真技术,采用先进的软件工具来协助设计、工艺人员进行装配分析、装配规划,进一步保证装配质量、缩短装配周期。

工艺规划(Process Designer,PD)建立于企业PLM平台之上,由流水分工、MBOM(制造物料清单)创建、结构化工艺设计、工艺仿真与优化、可视化工艺输出、工艺统计报表部分组成,并实现各环节的数据管理,与PLM系统共用制造资源库。系统与产品设计、工装设计、维护维修、试验测试等系统实现数据共享和协同,与ERP、MES实现系统集成。

Teamcenter Manufacturing是数字化工艺的主要功能模块,它建立于企业PLM平台Teamcenter之上。它使工艺设计与管理成为企业PLM平台中的一个有机部分,实现了与PLM共享统一的产品数据,实现统一的可视化、更改、流程、权限、文档管理,共享应用工具和集成工具。

基于Teamcenter Manufacturing的数字化工艺平台装配工艺规划所涉及的信息类型主要包括EBOM(包含产品设计信息、结构信息以及零件信息)、MBOM、工艺路线以及工艺规程(BOP)。具体来说,工艺员以设计部门发放特定型号的EBOM作为输入信息,结合企业内部工艺设计经验,参考企业现有的生产组织形式、可利用的制造资源以及相关的工艺规范等,定义装配产品的工艺路线。

针对工艺路线里的每一道工序(或子工艺),工艺设计内容包括该工序(或子工艺)的装配方法、装配工位、装配对象(中间件及消耗物料)及装配次序等。在工艺设计内容的基础上,工艺路线的设计内容进一步丰富,包含每道工序所需的装配资源信息(如设备、工夹量具、工人技能水平等)、工序图、在制品模型、测试及质量控制信息、装夹及测量的注意事项、材料及工时定额信息等。必要时可将工序进一步细分为工步或工序前准备,并进一步阐明工作内容细节。工艺规程经过验证及优化后,以电子或纸质的形式输出为工艺卡片,用于指导装配产线上的制造工程师和工人实施产品装配过程。

基于MBD的装配工艺仿真解决方案是将装配工艺仿真放在PLM环境中统一考虑,提供装配工艺仿真环境,与数字化装配工艺规划结合起来,以便验证装配工艺规划的准确性和合理性。

PD是一个在3D环境中设计制造工艺的平台,能方便地创建和确认制造工艺,贯穿从概念设计到详细工程整个过程,能改进、获取和重复利用。在PD平台可以建立产品库、资源库和工艺操作库,也可以根据规划项目建立产品结构树、资源树和工艺结构树。它也是制造过程数据管理的平台,是进行虚拟装配仿真和人因仿真所需数据管理的工具,是读取三维CAD几何数据和产品结构数据的基础平台。

PD以崭新的思路把产品数据、制造资源、工序操作和制造特征联系起来建立工艺过程模型,作为工艺规划的基础。综合利用各种工具,如用三维显示观察零件、用Pert图分析工序和工艺流程、用甘特图进行产线平衡分析等来实现工艺过程优化,如图3-4所示。

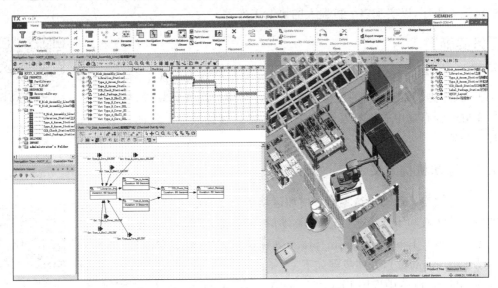

图 3-4　PD 软件的仿真界面

3.1.4　机器人仿真

机器人系统仿真(Process Simulate Robotics)是指通过计算机对实际的机器人系统进行模拟的技术,其中机器人系统可以是单台,或是多台机器人组成的工作站或产线。通过系统仿真,可以在单机与产线建成前进行模拟制造,缩短生产工期,降低建设成本。

机器人仿真

机器人仿真主要应用在两个方面:一是机器人本身的设计和研究,即机器人的机械结构和控制系统,主要是机器人的运动学和动力学分析、运动规划和算法以及底层控制的研究等;二是以机器人为主体的自动化产线,主要包括机器人工作站的设计、机器人的选型、离线编程和碰撞检测等。目前,机器人仿真系统最常见的仿真软件是 ROBCAD 和 IGRIP。

Process Simulate 是西门子一款工业软件,用于在一个真实的三维环境中进行制造过程的仿真验证,能够基于用户制定的任务环境进行客户化的工艺过程仿真和验证判断。该软件包括装配仿真、人因仿真、机器人仿真及离线编程仿真等功能,能够实现从工厂布局仿真验证到产线布局仿真验证,再到单个工位的仿真验证和优化。设计者可结合工艺仿真,找出弊端并改进工艺操作流程,加快新产品上市。

Process Simulate 机器人仿真软件提供了一个集机器人和自动设备规划及验证为一体的虚拟环境,能够模拟机器人在真实环境中的工作情况,具有逻辑驱动设备技术和集成的真实机器人仿真技术,针对不同机器人有专门的示教功能进行精确的离线编程,同时基于实际控制逻辑的事件驱动仿真,便于实现虚拟调试,大大提高了机器人离线编程效率和质量,减少了真实环境调试的时间和成本。Process Simulate 机器人仿真软件支持众多品牌的机器人,例如 ABB、KUKA、FANUC、IBM、BOSCH 等,支持电焊、弧焊、激光焊、铆接、装配、包装、搬运、去毛刺、涂胶、抛光、喷涂、滚边等多种操作。机器人仿真功能包括设计和优化机器人工艺过程、优化机器人路径、规划无干涉的机器人运动、设计机器人工位布局、生成准确可靠的机器人程序，以实现多个机器人的协调工作等。

【任务实施】

目前现场有一个 U 盘立体仓储系统，由工业机器人完成上料任务，即利用机器人完成 U 盘原料的配盘工作。现在利用产线规划软件，按照客户要求完成产线布局中的机器人仿真，进而为 U 盘智能装配产线的规划与仿真打下基础。

U 盘线工艺规划制作执行系统

3.1.5 运动机构定义

机构通过定义运动副给零部件增加运动学使之能够进行运动。一个运动副由运动父链和子链组成，当父链移动时，子链随之移动。

创建 Plant_Type_A_Assem_Station（锁螺钉式 U 盘装配工站）中抓手的运动学（Kinematic），具体步骤如下。

在 Object Tree 中选中 Plant_Type_A_Assem_Station（锁螺钉式 U 盘装配工站）中的抓手，将其单独显示。

运动机构定义

单击 Modeling→Scope→Set Modeling Scope，使抓手进入建模状态。

始终保持选中抓手的状态，单击 Modeling→Kinematic Device→Kinematics Editor，弹出如图 3-5 所示的对话框。

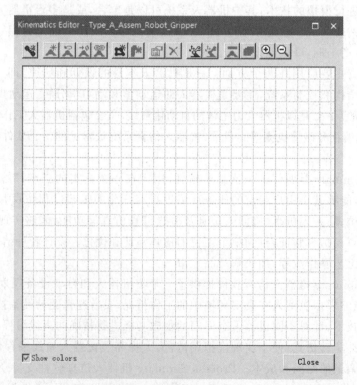

图 3-5 运动机构定义界面

单击 Kinematics Editor 对话框中的 Create Link 按钮 , 依次创建的 lnk1、lnk2、lnk3 中包含不同的几何体, 它们以不同的颜色显示, 如图 3-6 所示。

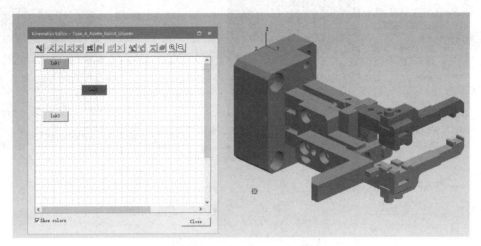

图 3-6 机器人末端执行器的运动机构定义

按 Ctrl 键依次选择 lnk1、lnk2, 单击 Create Joint 按钮 生成 j1。Axis 根据夹紧方向设置, Joint Type 选择 Prismatic, 再选择 lnk1、lnk3, 同样的方法生成 j2, 如图 3-7 所示。如果想修改或设置 Jonit 的轴上具体位置、最值等参数, 可单击 Jonit Properties 按钮 ![], 弹出如图 3-8 所示的对话框。

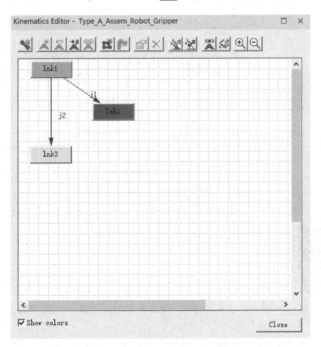

图 3-7 机器人末端执行器设置界面

选中 j1, 再单击 Joint Dependency 按钮 ![], 选择 Joint Function, 编辑区内输入(D(j2)), 再单击 j2, 设置界面如图 3-9 所示, 单击 Apply 按钮。

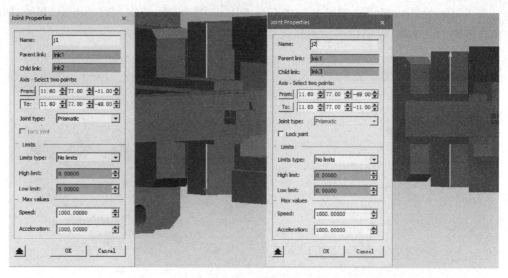

图 3-8 机器人末端执行器中 Jonit 特性设置界面

图 3-9 机器人末端执行器中 j1 关节附属设置界面

CAM 操作视频

单击 Modeling→Layout→ Create Frame Between 2 Points，依次选择如图 3-10(a) 所示的位置，创建一个 Frame(框架/结构)，用同样的方法再创建如图 3-10(b) 所示的 5 个 Frame，再单击 Create Frame Between Two Points 命令，选择如图 3-10(c) 所示的两个 Frame，这样就生成所需要的 Frame。再右击 Frame 选择 Placement Manipulate 命令(通过

Rx、Ry、Rz,单击箭头来实现),如图 3-10(d)、(e)、(f)所示,将 Frame 变成如图 3-10(f)所示的方位(其中 Z 正方向为抓取零件的方向),此 Frame 位于抓手抓取的中央位置,命名为TCPF1,按照同样的方法再建立 2 个,命名为 TCPF2、TCPF3,TCPF3 的 Z 正方向为推动方向。

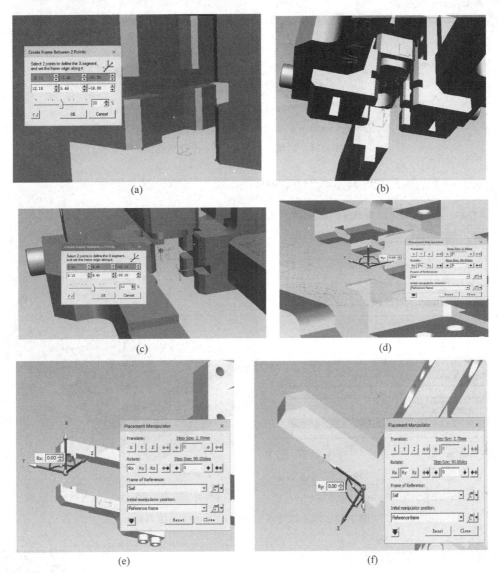

图 3-10 末端执行器 TCP 设置操作界面

单击 Modeling→Layout→Create Frame By 6 Values,在圆盘中心生成一个 Frame,选中 Frame,沿着 Ry 顺时针旋转 180°,如图 3-11 所示,将此 Frame 重命名为 Moutframe。

选择抓手 Type_A_Assem_Robot_Gripper,单击 Modeling→Kinematic Device→Tool Definition,弹出如图 3-12 所示的对话框,其中 Tool Type 选择 Gripper,TCP Frame 选择TCPF1,Base Frame 选择 Moutframe,Gripper Entities 选择与抓取对象接触的夹紧块和推块。

选择抓手 Type_A_Assem_Robot_Gripper,单击 Modeling→Scrop→End Modeling,完成整个抓手的 Kinematics 的编辑过程。

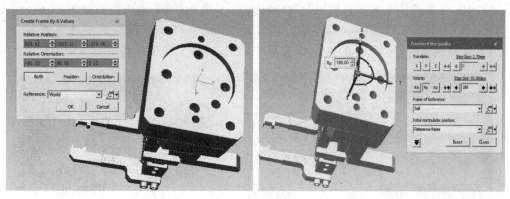

图 3-11　末端执行器 Frame 设置界面

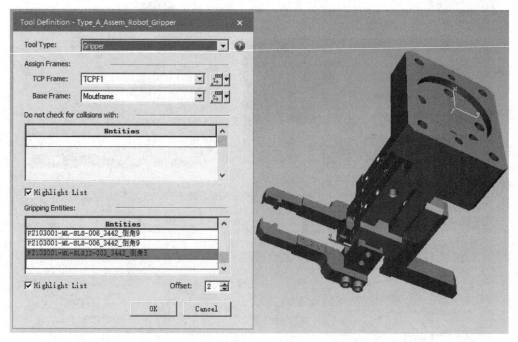

图 3-12　末端执行器 Gripper Entities 设置界面

3.1.6　零件装配流程仿真

1. 创建数字孪生工艺节点

通过创建数字孪生工艺节点,可以同时创建工艺和相关联的产线,让工程师更快地进行工艺规划。操作步骤如下。

选择项目 NJCIT_U_DISK 下 PROCESS 文件夹,右击选择 New 命令,勾选 PrLine,单击 OK 按钮,如图 3-13 所示。

以 Pr 为前缀的对象都是成对的,在创建 PrLine 的同时也生成了一个孪生的 PrLineProcess,如图 3-14 所示。在这一组对象中, 表示资源树, 表示工艺树。

打开 PrLineProcess 菜单,选择 Navigation Tree 命令打开一个窗口,如图 3-15 所示。

零件装配流程仿真

项目 3
工艺规划和仿真

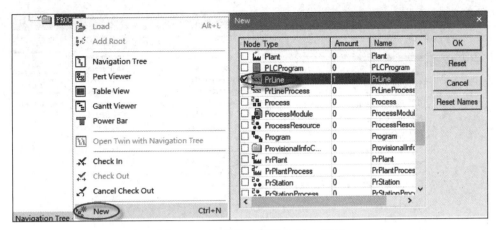

图 3-13　PS 软件中创建 PrLine 界面

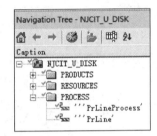

图 3-14　PS 软件中孪生的 PrLineProcess

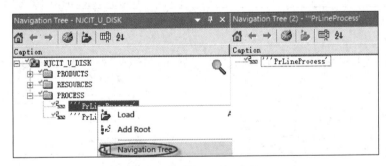

图 3-15　打开 Navigation Tree

在新打开的 Navigation Tree 下，选择 PrLineProces，修改名称如 U_DISK_ASSEMNBLE_Line。

在新打开的 Navigation Tree 下，右击 U_DISK_ASSEMNBLE_Line，选择 New 命令，勾选 PrStationProcess，数量给定 5，单击 OK 按钮，如图 3-16 所示。

选择 PrStationProcess，按 F2 键更改名称，如 Libraries_Station（立库工站）。用同样方法更改其他 PrStationProcess 名称，如图 3-17 所示。

右击 U_DISK_ASSEMNBLE_Line，选择 Open Twin with Navigation Tree 命令，同时打开这一对资源树和工艺树的根节点，如图 3-18 所示。

选择 U_DISK_ASSEMNBLE_Line→Special Data→Synchronize Process Object 使资源树按照工艺树同步更改，在弹出的窗口中，勾选右侧中间位置的 With Sub-Tree，表示此更

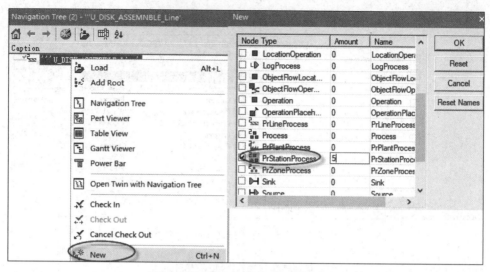

图 3-16　PrStationProcess 新建操作

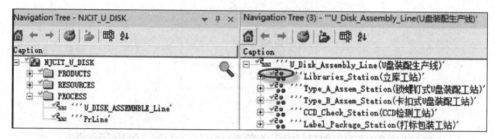

图 3-17　PrStationProcess 名称更改操作

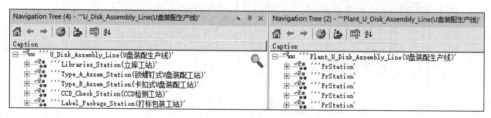

图 3-18　资源树和工艺树的根节点操作

改对操作树下面各层同样有效。单击 OK 按钮，然后关闭窗口同步之后的结果，如图 3-19 所示。

2. 定义工艺流程

通过 Pert Viewer 和 Gantt View 可以构建 U 盘装配产线工艺顺序和工艺时序。操作步骤如下：

展开项目 NJCIT_U_DISK 下 Process 文件夹，右击 U_Disk_Assembly_Line 选择 Pert Viewer 命令，在打开的 Pert Viewer 窗口中选择沿横向排列，如图 3-20 所示。

选择工位后进行位置的拖动，可以进行 Pert View 的布局，如图 3-21 所示。

单击 New Flow 命令，定义工位之间的工艺顺序，工艺顺序需参照 CAD 布局图和工艺设计图进行工艺顺序排列，定义完成后关闭 Pert View 窗口，如图 3-22 所示。

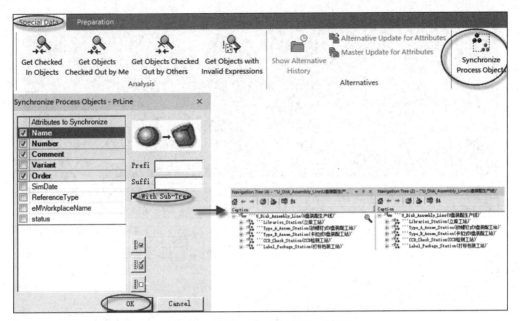

图 3-19　资源树和工艺树的同步操作

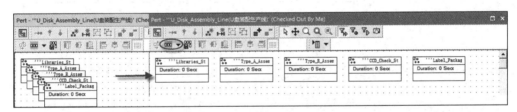

图 3-20　工艺顺序和工艺时序的操作

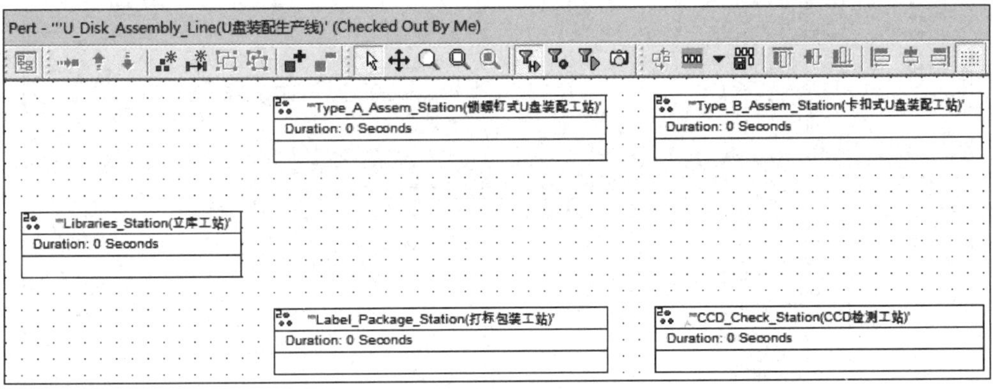

图 3-21　Pert View 布局的操作

展开项目 NJCIT_U_DISK 下 Process 文件夹,右击 U_Disk_Assembly_Line 选择 Gantt Viewer 命令,在打开的 Gantt Viewer 窗口中选择 Libraries_Station(立库工站),右击打开属性设置对话框,选择 Times 标签,在 Allocated Time 文本框中设定此工位时间为 60,其他工位可用相同的方法,如图 3-23 所示。

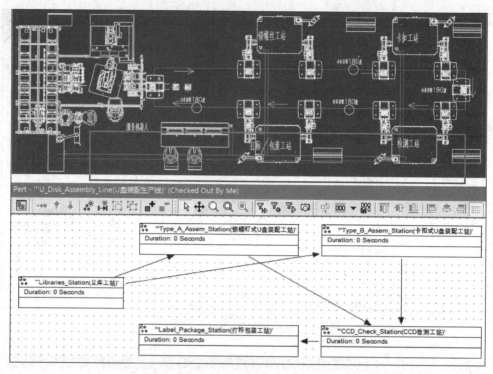

图 3-22　工艺顺序的操作

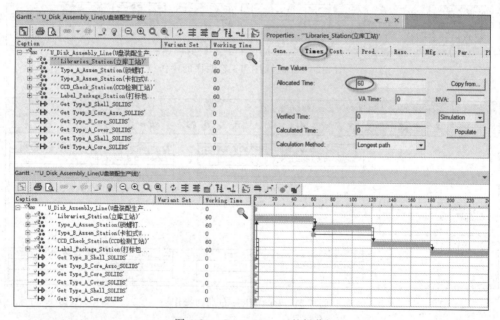

图 3-23　Gantt Viewer 的操作

3. 分配产品到工艺

通过将产品树中的零件拖放到相应工位上,将产品分配到相应的工位。操作步骤如下。

选择项目 NJCIT_U_DISK 下 PRODUCTS 文件夹并将其展开,右击 Type_A_Product

选择 Load 命令，将锁螺钉 U 盘产品加载到产品树中；然后右击 Type_B_Product，选择 Add Root 命令，将卡扣 U 盘产品添加到产品树中，如图 3-24 所示。

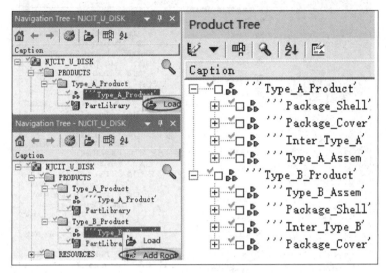

图 3-24　产品加载至产品树

打开项目 NJCIT_U_DISK 下 PROCESS 文件夹，右击工艺 U_Disk_Assembly_Line(U 盘装配产线)，选择 Pert Viewer 命令，打开相应的窗口，鼠标框选所需工位将整体线体拖放至 Pert Viewer 中间位置，如图 3-25 所示。

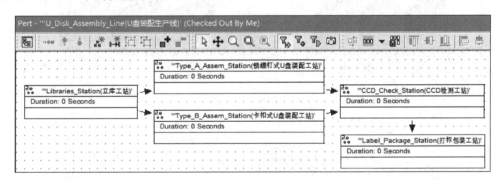

图 3-25　整体线体拖放

在产品树下分别右击 Type_A_Product 组合产品，然后选择 Expand→Expand ALL 命令，展开组合产品所在层级，如图 3-26 所示。Type_B_Product 展开同理。

按照制造工艺将零件分配到产品树中，选择单个零件 Package_Shell_SOLIDS，按住 Ctrl 键将锁螺钉 U 盘 Type_A_Product 组合产品下相应的单个零件全部选中，然后拖放至 Pert Viewer 中相对应的工位，如图 3-27 所示。卡扣式 U 盘 Type_B_Product 操作同理。

4. 分配资源到工位

通过将资源库中的资源拖放到相应工位中，将资源分配到相应的工位。在工位下需要将资源分类放置到其对应的组合资源文件夹中。操作步骤如下。

展开 PROCESS 文件夹，右击资源 U_Disk_Assembly_Line(U 盘装配产线)选择 Load 命令，将资源加载到资源树，如图 3-28 所示。

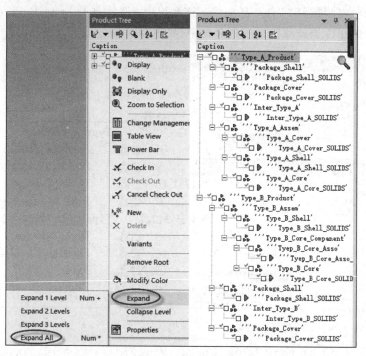

图 3-26　产品树下 Expand 产品层次的操作

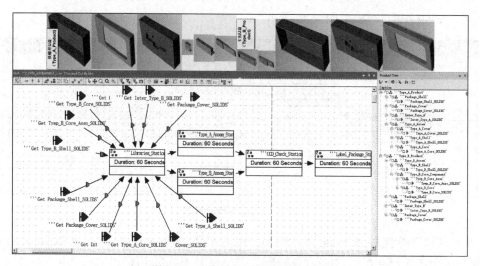

图 3-27　零件分配到产品树的操作

在资源树中右击 Libraries_Station（立库工站）选择 New 命令，勾选 CompoundResources 并设置数量设定 10，创建 10 个组合资源，选择第一个组合资源按 F2 键进行重命名，如图 3-29 所示。其余组合资源同理进行重命名。

右击 ResourceLibrary 选择 Nacigation Tree 命令展开资源库，先将资源库中的 NJCIT_Layout 资源拖放到资源树 U_DISK_Assembly_Line 产线下，再将单个资源拖放到相对应工位的组合资源中。例如，将 irb1600_120 拖放到 Libraries_Station 工位中的 Robots 组合资源下，如图 3-30 所示。

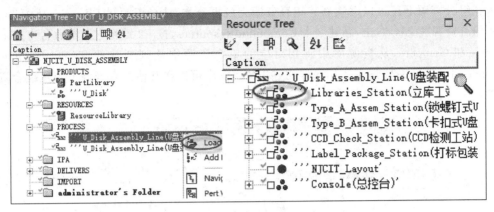

图 3-28 加载资源树的操作

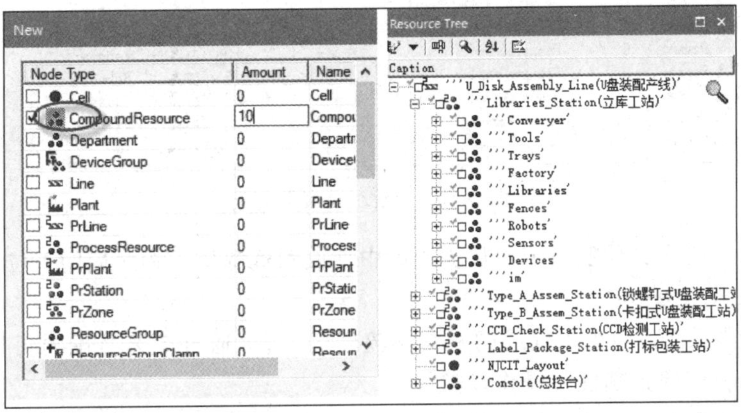

图 3-29 CompoundResources 复制

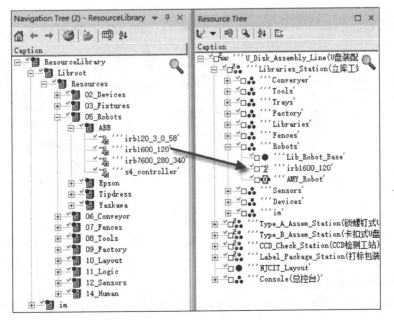

图 3-30 Nacigation Tree 展开资源库

在组合资源下还可以继续新建组合资源完成再分类,选择资源树 Libraries_Station 工位下组合资源 Tools,右击,新建 2 个 CompoundResources,按 F2 键将它们重命名为 Tools_Change 和 Grippers,从资源库中将相对应的单个资源拖放到新建的 Tools_Change 和 Grippers 下,如图 3-31 所示。用同样的方法按照需求可以在其他组合资源下新建组合资源分类。

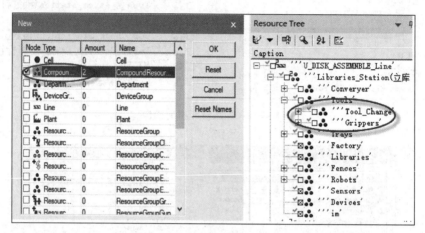

图 3-31 新建组合资源分类

用同样的方法将其他资源依次从资源库中拖放到资源树下相对应的工位中。

5. 创建工艺装配树

工艺装配树(IPA)包含了消耗的材料和流转的工艺,通过工艺装配树可以静态检查工艺流程和产品分配的正确性。操作步骤如下。

右击项目 NJCIT_U_DISK,选择 New 命令,新创建一个 Collection,按 F2 键将其重命名为 IPA,如图 3-32 所示。

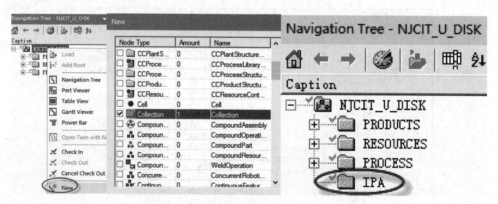

图 3-32 创建工艺装配树

展开项目 NJCIT_U_DIS_Disk→PROCESS 文件夹,选择工艺 U_DISK_Assembly_Line→File→Generate Assembly Tree,在弹出的对话框中单击级联菜单 按钮,选择 IPA 文件夹,单击 OK 按钮,如图 3-33 所示。

展开 IPA,右击 U_Disk_Assembly_Line,选择 Load 命令,将产品装配树加载至 IPA Tree,选择 Home→Viewers→IPA Viewer 命令。在 IPA 树中查看产品装配关系,如图 3-34 所示。

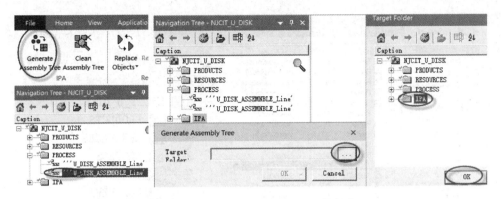

图 3-33　Generate Assembly Tree 的操作

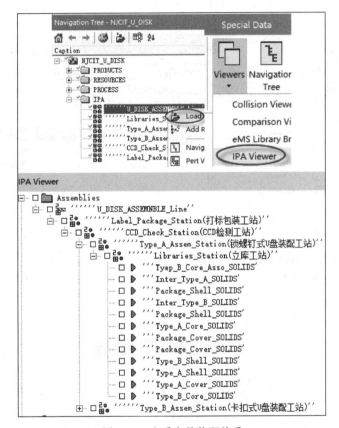

图 3-34　查看产品装配关系

6. 创建仿真文件夹

创建仿真文件夹作为 Process Simulate 和 Process Designer 的接口,为工艺验证做准备。操作步骤如下。

右击项目 NJCIT_U_DISK,选择 New 命令,新创建一个 Collection,按 F2 键将其重命名 DELIVERS,如图 3-35 所示。

选择 DELIVERS 文件夹,右击,选择 New 命令,新创建一个 RobcadStudy,如图 3-36 所示。

选择 RobcadStudy,按 F2 键将其重命名为 U_Disk_Assembly_Line,如图 3-37 所示。

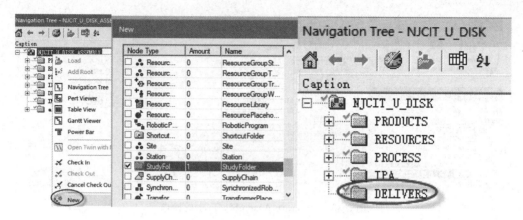

图 3-35　仿真接口设置

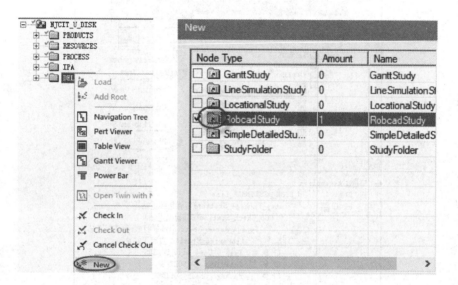

图 3-36　新创建一个 RobcadStudy

图 3-37　RobcadStudy 重命名

展开 PROCESS 文件夹，选择工艺 U_DISK_ASSEMNBLE_Line，将工艺拖放到 U_Disk_Assembly_Line（仿真文件夹），如图 3-38 所示。

右击 U_Disk_Assembly_Line（仿真文件夹），选择 Open with Process Simulate in Standard Mode 命令，打开 Process Simulate 进行工艺验证，如图 3-39 所示。

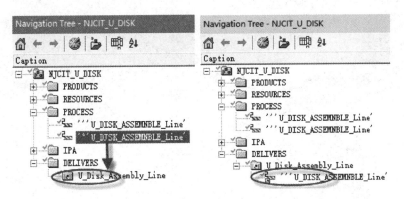

图 3-38 将工艺拖放到仿真文件

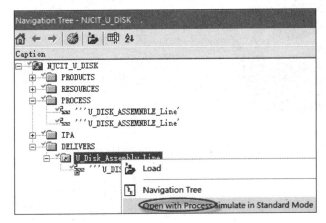

图 3-39 工艺验证

3.1.7 机器人路径规划

在创建机器人工艺操作之前,需要将工具安装到机器人上。选择 Plant_Type_A_Assem_Station(锁螺钉式 U 盘装配工站),将抓手安装到机器人上,操作步骤如下。

机器人路径规划

(1) 选择 Plant_Type_A_Assem_Station(锁螺钉式 U 盘装配工站)中 Robots 下的机器人 irb120_3_0_58。

(2) 单击 Robot→Tool and Device→Mount Tool,弹出 Mount Tool 对话框,将 Tool 选中图中的抓手,在 Frame 下拉列表中选择 Mout_Frame,然后单击 Apply 按钮,如图 3-40 所示。

(3) 完成抓手的安装,效果如图 3-41 所示。

(4) 右击机器人,选择 Robot Properties 按钮,弹出图 3-42 所示对话框,在 TCP Frame→Relative to 下列列表中选择抓手的 TCPF1,单击 Close 按钮完成机器人 TCPF 的设置。

(5) 运用同样的方法将 Plant_Type_A_Assem_Station(锁螺钉式 U 盘装配工站)、Plant_Type_B_Assem_Station(卡扣式 U 盘装配工站)、Plant_CCD_Check_Station(CCD 检测工站)、Plant_Label_Package_Station(打标包装工站)的工具安装到机器人上。

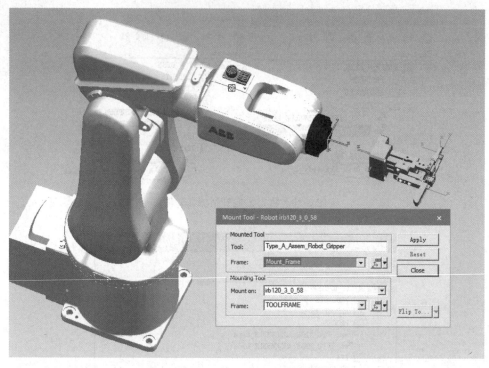

图 3-40　Mount Tool 对话框

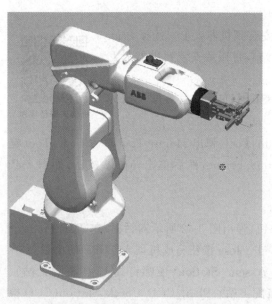

图 3-41　机器人末端执行器的安装

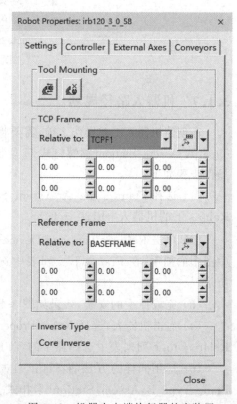

图 3-42　机器人末端执行器的安装置

在机器人路径规划中如果产生误操作,需要恢复到前面的某一步骤操作时,可以采用产品位置分布的"快照"功能。快照是用于存储特定的视角、对象可见性、对象位置、设备姿态、对象附件、对象颜色和对象查看模式的一种工具。在快照编辑器中,可以选择特定的快照来恢复对象的状态。在创建机器人装配操作之前,创建 Init、锁螺钉式 U 盘装配工站等快照用来记录产品的位置。

单击 Home→Viewers→Snapshot Editor,弹出如图 3-43 所示的对话框,单击 New Snapshot 按钮,生成一个快照,然后将其重命名为 Init,再选中 Init,单击 Apply Snapshot 按钮,在弹出的下拉列表中除了 Objects Visibility 和 PMI Text Size 的其他选项全部勾选,然后选中 Init,单击 Update Snapshot 按钮,完成初始化快照的创建。

选择 Object Tree 中的 Plant_Type_A_Assem_Station(锁螺钉式 U 盘装配工站)→Display Only,隐藏 Type_A_Assem_Zone,选择 Object Tree 中的 Parts 文件夹下的 Type_A_Assem,将产品的各个部分放置到托盘上。

选中 Converyer 下的 Type_A_Assem_Conveyer,选择 Modeling→Set Modeling Scope,将托盘上的产品(锁螺钉外壳-B、2 个锁螺钉芯片_Varsay_lan、锁螺钉外罩)显示出来,如图 3-44 所示。

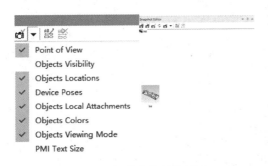
图 3-43 初始化快照的创建

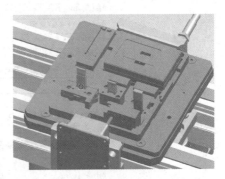
图 3-44 Set Modeling Scope 的操作

将 Graphic Viewer Toolbar 中的 Pick Level 切换成 Entity,Pick Intent 切换成 Self Origin,选择 Type_A_Cover,单击 Relocate 按钮,弹出 Relocate 对话框,在 From frame 下拉列表中选择 Type_A_Cover_SOLIDS,To frame 下拉列表中选择"锁螺钉外罩_3",单击 Apply 按钮,如图 3-45 所示。

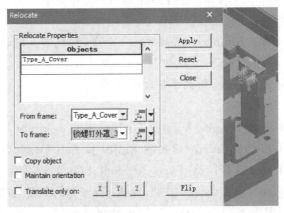
图 3-45 Pick Intent 切成

单击 New Snapshot 按钮 ![按钮]，生成一个快照，然后将其重命名为"锁螺钉式 U 盘装配工站"，用同样的方法将 Type_A_Shell 和 Type_A_Core 放置到托盘上，同时将托盘上的 U 盘数模（锁螺钉外壳-B、中间的锁螺钉芯片_Varsay_lan、锁螺钉外罩）都隐藏，选中 Type_A_Assem_Conveyer，单击 End Modeling 按钮。

选中 Plant_Type_A_Assem_Station（锁螺钉式 U 盘装配工站）的 Type_A_Assem_Robot_Gripper，单击 Modeling→Set Modeling Scope，将抓手上的产品显示出来。

3.1.8 机器人工艺仿真

选中 Operation Tree 的工艺操作工位 Type_A_Assem_Station（锁螺钉式 U 盘装配工站），单击 Operation→Create Operation→ New Operation→New Pick and Place Operation，弹出如图 3-46 所示的对话框（将选择级别和选择意图分别设置为 Entity 和 Self Origin），Name 命名为 R01_Pick_Type_A_Core，Robot 选择 irb120_3_0_58，Pick 选择 Type_A_Core_SOLIDS，Place 选择"锁螺钉芯片_Varsay_lan_344"，单击 OK 按钮生成一条抓取路径。

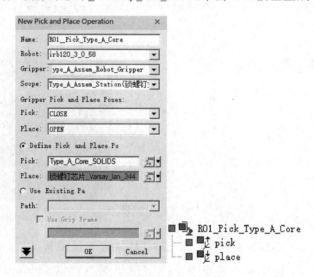

图 3-46 New Pick and Place Operation 的对话框

选中 R01_Pick_Type_A_Core 进行路径编辑；选中 R01_Pick_Type_A_Core，单击 Path Editor 中的加号，将路径添加到其中。

（1）右击 pick 点，单击 Jump assigned Robot 命令，将机器人跳转到 pick 点处，右击选中 pick 点，单击 Manipulate Location 命令，弹出如图 3-47 所示的对话框，单击 Rx，沿 Rx 逆时针选择 180°，再沿着 Z 正方向，将抓手拖动至芯片（Type_A_Core）的上表面，单击 Close 按钮，完成操作，如图 3-47 所示。

（2）右击 place 点，单击 Graphic Viewer Toolbar 中的 Relocate 命令，将 place 点移动到 pick 处，将 Pick Level 和 Pick Intent 切换成 Entity 和 Self Origin，再选中 place 点，单击 Relocate 命令，From frame 选择产品 Type_A_Shell_SOLIDS（芯片），To frame 选择数模"锁螺钉芯片_Varsay_lan"，单击 Apply 按钮，完成 place 点的放置，如图 3-48 所示。

（3）右击 pick 点，单击 Add Location Before 命令，生成 Location via148，沿着 Z 正方向

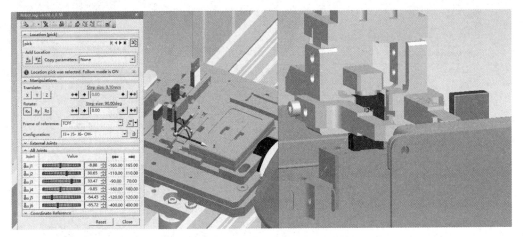

图 3-47　Jump assigned Robot 命令窗口

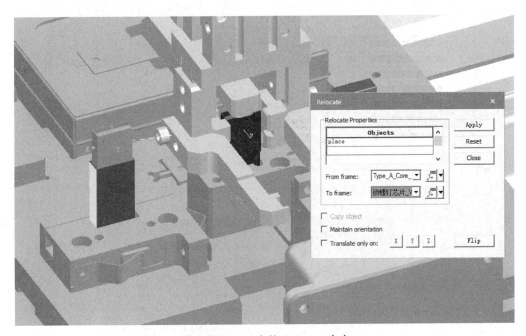

图 3-48　place 点的 Relocate 命令

拖动直到抓手与芯片不干涉且保持一定的安全距离,如图 3-49 所示。

（4）用同样的方法,创建 via150,然后将其重命名为 Home,如图 3-50 所示。

（5）右击抓手 Type_A_Assem_Robot_Gripper,单击 Modeling→Set Modeling→Kinematic Device→Tool Definition,将 Offset 值设为 2,单击 OK 按钮。再单击 Modeling→Kinematic Device→Set Gripped Objects List,选择 Parts 下的 Type_A_Cover、Type_A_Shell、Type_A_Core,如图 3-51 所示。

（6）单击 Path Editor 中的 Play Simulation Forward Operation Start 命令,到 pick 为止,右击选中 pick 点,单击 Add Location After 生成 via150,沿着 Z 向拖动,直到离开芯片槽为止,同时保证一定的安全距离。

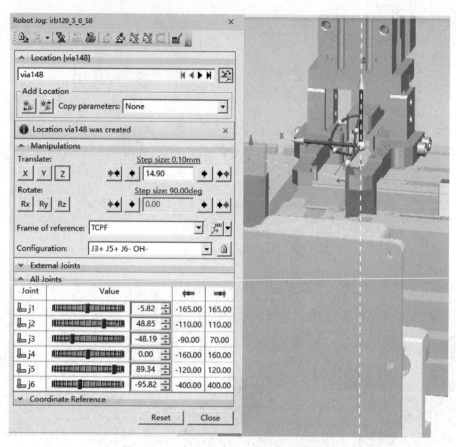

图 3-49 pick 点 Add Location Before 命令

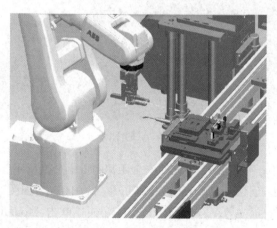

图 3-50 pick 点重命名

（7）右击 place 点，单击 Jump Assigned Robot 按钮，将机器人移动到 place 点，同时隐藏"锁螺钉芯片_Varsay_lan_344"数模，再单击 Add Location Before，沿着 Z 正方向移动 34mm，再选中 via152，单击 Add Location Before 生成 via151，调整 j3 数值（相当于示教机器人运动）直到芯片安全脱离外壳为止，单击 Close 按钮，如图 3-52 所示。

项目 3
工艺规划和仿真

图 3-51 Tool Definition 的操作

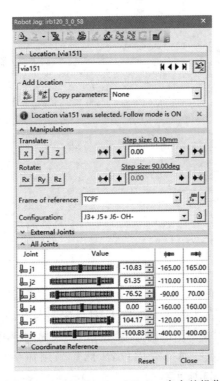

图 3-52 Jump Assigned Robot 命令的操作

(8) 单击 Path Editor→Play Simulation Forward Operation Start 按钮 ▶,运行到 place 点为止,右击 place 点,单击 Add Location After 命令,生成 via153,再沿着 Z 正方向拖动抓手直到保证有安全距离位置,运用同样的方法生成 via154。

(9) 右击 via154,单击 Add Current Location 命令生成 via155。修改 R01_Pick_Type_A_Core 点的属性。选择 R01_Pick_Type_A_Core,单击 Set Location Properties 按钮 ,将 Zone 改为 nodecel。pick、via150、place、via153 的 Motion Type、Speed 改为 LIN、200mm/s,然后单击 AutoTeach 按钮 ,再单击 Play Simulation Forward 运行一次路径,如图 3-53 所示。

图 3-53　AutoTeach 命令的操作

(10) 单击 Home 点的 OLP Commands 空白处,弹出对话框如图 3-54 所示,单击 Add→Standard Command→Tool handling→Mount,选中抓手 Type_A_Assem_Robot_Gripper 的 TCPF1。用同样的方法设置 via155 的 TCPF 为 TCPF2。

图 3-54　Mount 命令的操作

用同样的方法创建 Type_A_Assem_Station(锁螺钉式 U 盘装配工站)的 R01_Pick_Type_A_Core&Shell 路径,由于抓手在抓取 U 盘外壳时与礼品盒干涉,所以需要将抓取位置改为抓取芯片头的位置(抓手的下沿离 U 盘外壳的上表面的距离保持在 2mm),将 Type_A_Core&Shell 放置到原来放置 U 盘外壳的位置,然后采用抓手顶入的方式完成 Type_A_Core&Shell 的放置,如图 3-55 所示。

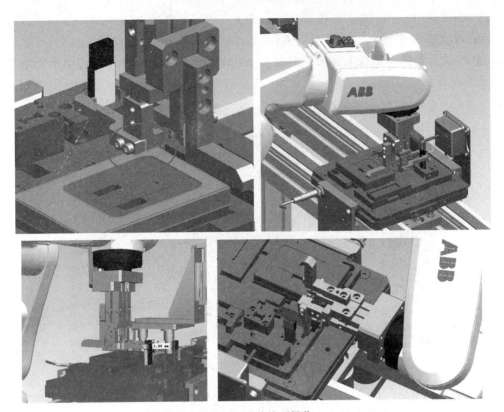

图 3-55 干涉处理操作

创建锁螺钉式 U 盘机器人抓取路径。右击机器人将其 TCPF 切换成 TCPF3，选中 Type_A_Assem_Station（锁螺钉式 U 盘装配工站），单击 Operation→New Operation→New Generic Robotic Operation，生成一个操作，将其命名为 R01_Push_Type_A_Core&Shell。选中 R01_Push_Type_A_Core&Shell，单击 Operation→Add Current Location，生成 via156。选中 via156，单击 Operation→Add Location After，生成 via157，沿着 Ry 顺时针旋转 90°，如图 3-56 所示。

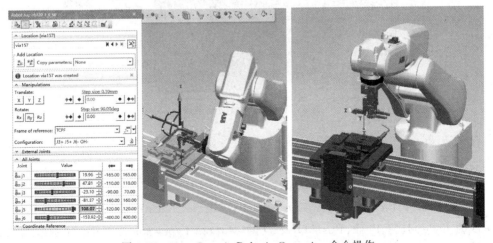

图 3-56 New Generic Robotic Operation 命令操作

将 Working Frame 移动到托盘上,如图 3-57 所示,单击 Modeling→Note→Create Dimension,测量抓手到 U 盘上表面的值,单击 Add Location After,生成 via158,沿着 X 正方向拖动,保证抓手到 U 盘上表面的距离为 2mm,然后沿 Z 负方向拖动直至推块与 U 盘芯片表面贴合为止。

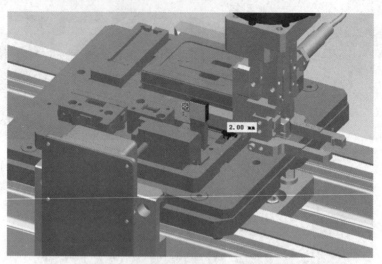

图 3-57 创建维度命令操作

单击 Add Current Loaction,生成 via159,将其重命名为 Push。单击 Create Dimension 按钮,测出推块沿着 TCPF 的正方向移动距离为 18mm,如图 3-58 所示。

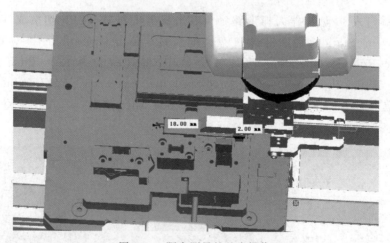

图 3-58 距离测量的基本操作

选中 Push 点,单击 Add Location After 命令,生成 via159,选择 Z 按钮,输入 18,如图 3-59 所示。

用同样的方法生成 via159 和 via160,如图 3-60 所示。

选中路径 R01_Pick_Type_A_Core&Shell,单击 Set Locations Properties 按钮,将 zone 改为 nodecel,将 Push、Push Over 点的 Motion Type、Speed、Zone 分别改为 LIN、150mm/s、fine。选中 Push 点,单击 OLP Commands 的空白处,单击 Add→PartHanding→

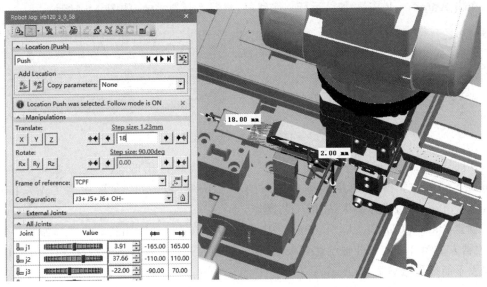

图 3-59　Add Location After 命令（Z 移动 18）

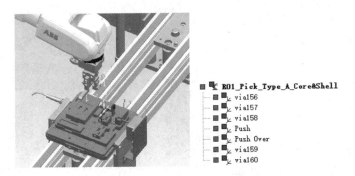

图 3-60　Add Location After 命令重复使用

Grip→Attach objects to TCPF3。同样选择 Push Over，单击 Add→PartHanding→Release→Detach objects from TCPF3，如图 3-61 所示。

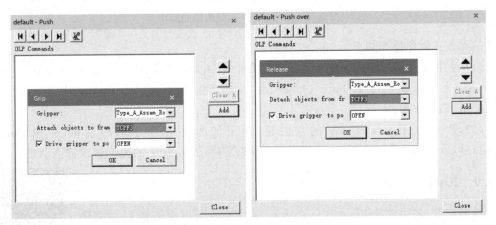

图 3-61　Add Location After 命令重复使用

单击 AutoTeach 按钮，运行一遍路径，机器人示教完成，如图 3-62 所示。

Path Editor

12.20 0.01

Paths & Locations	Duration	OLP Commands	Comment	Configu...	Externa...	Motion Type	Speed	Zone	Config
R01_Pick_Type_A_Core&Shell	12.20								
via156	2.71			✓		PTP	100 %	nodecel	OH- J3+ J5+
via157	1.90			✓		PTP	100 %	nodecel	OH- J3+ J5+
via158	1.36			✓		PTP	100 %	nodecel	OH- J3+ J5+
Push	0.00	# Destination Type_A		✓		LIN	150 mm/s	fine	OH- J3+ J5+
Push Over	2.28	# Destination Type_A		✓		LIN	150 mm/s	fine	OH- J3+ J6+,
via159	2.98			✓		PTP	100 %	nodecel	OH- J3+ J5+
via160	0.97			✓		PTP	100 %	nodecel	OH- J3+ J5+

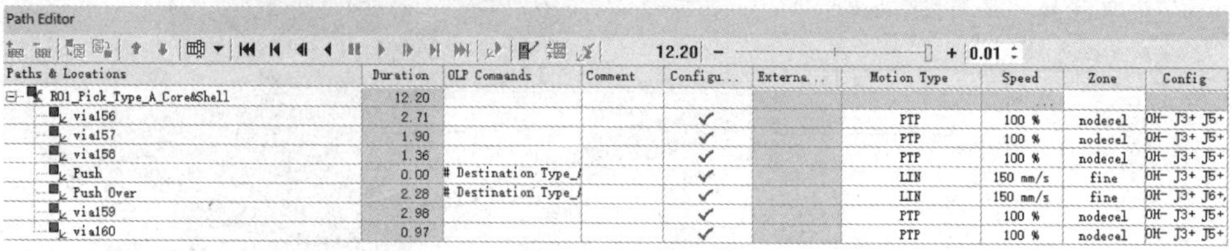

图 3-62　机器人示教完成界面

用同样的方法，创建 Type_A_Assem_Station（锁螺钉式 U 盘装配工站）、Type_B_Assem_Station（卡扣式 U 盘装配工站）、CCD_Check_Station（CCD 检测工站）、Label_Package_Station（打标包装工站）的工艺操作。

创建 Plant_CCD_Check_Station（CCD 检测工站）Type_B 卡扣式的快照。如图 3-63 所示，机器人的第 2 轴和第 3 轴已达到极限（处于机器人死点位置），不能沿 X 轴负方向移动，即抓手不能抓取 Type_B_Assem。要将 Type_A 和 Type_B 的托盘沿着 X 轴正方向移动 200mm。

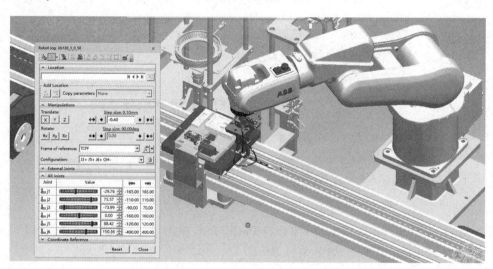

图 3-63　Type_B 卡扣式的快照操作

机器人主程序操作如下。

（1）选中 Type_A_Assem_Station（锁螺钉式 U 盘装配工站），单击 Operation→New Operaiton→New Generic Robotic Operation，生成操作，将其命名为 R01，选中 R01，将其添加到 Path Editor 中。

（2）单击 OLP Commands 的空白处，弹出如图 3-64 所示的对话框，单击 Add→Standard Commands→ProgramFlow→CallPath，将机器人 R01 的操作依次添入其中。

3.1.9　车间物流仿真

根据需求，使用软件 Plant Simulation 16 建立一条虚拟仿真 U 盘智能产线。该 U 盘智能产线能生产锁螺钉式和卡扣式两种金属外套 U 盘，U 盘

车间物流仿真

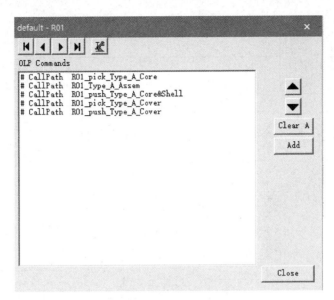

图 3-64 CallPath 的操作

内存容量可选,能根据用户个性化需求在 U 盘外壳激光打标个性化元素,如姓名、生肖图形等。产品的 BOM 结构如图 3-65 所示,其原料和产品都通过托盘装载。

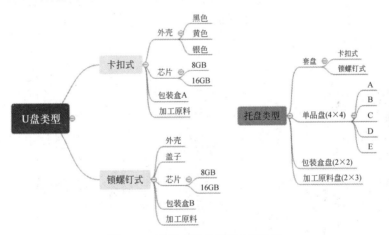

图 3-65 U 盘产品的 BOM 结构图

U 盘产线的工艺流程分为两种模式,一种需要经过机加工及机械手配盘工艺流程,另一种是在立库中存储已配好盘的原料可直接出库上线。零件配盘完成之后,由自动导引小车(AGV)装载套盘在各工站之间转运,产品加工完成之后,可以回到立库中暂存,也可由机械手转给服务机器人,直接送到客户面前。具体的工艺流程如图 3-66 所示。

虚拟 U 盘智能产线仿真生产布局如图 3-67 所示。

为了便于绘制 AGV 的路径轨迹,以及直观显示各工站之间的相对位置,将 CAD 布局图导入模型中。更改 U 盘产线模型框架的比例因子为 0.01,将 CAD 布局图文件拖入模型中,在模型中画一段长度,观察该段长度和 CAD 图中的长度是否一致。若不一致,则可能还要再修改模型的比例因子。CAD 导入后,建立的虚拟模型整体布局如图 3-68 所示。

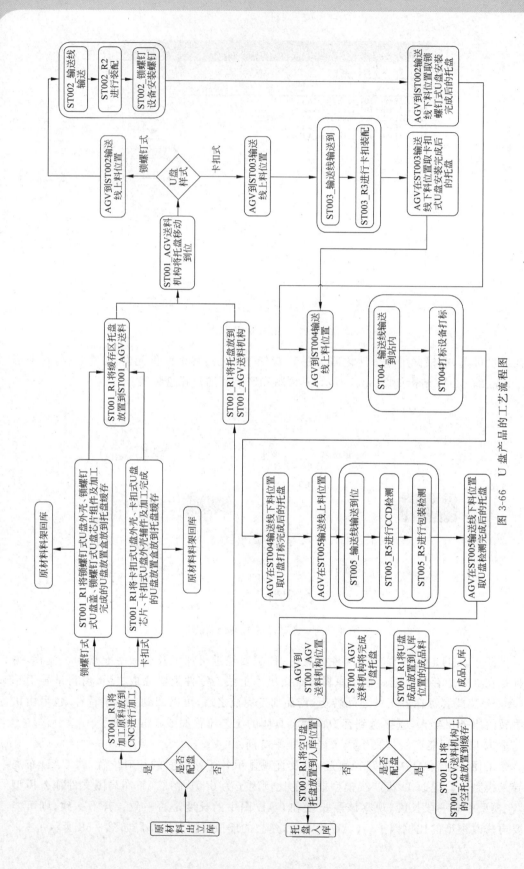

图 3-66 U盘产品的工艺流程图

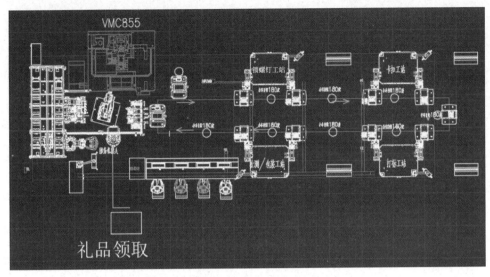

图 3-67 U 盘智能产线仿真生产布局图

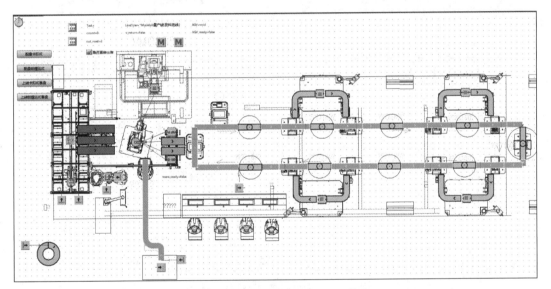

图 3-68 U 盘智能产线虚拟模型整体布局

AGV 的行走路线通过 Track 对象画出,旋转点通过 Turnplate 对象设置,各工站建成单独的子模型,形成转运区域的整体模型如图 3-68 所示。

Source3 对象调度 AGV 时,在出口控件处设置全局变量 agv 指代转运的 AGV 对象,AGV 对象添加自定义属性 target,标记 AGV 取料的位置,出口控件的程序如图 3-69 所示。

AGV 到达等待位置后,让全局变量 agv_ready 为 true,放料流水线上的物料配盘完成后,启动放料流水线的正向传送,套盘到达出口位置时触发出口控件,设置 AGV 的 target 属性值标记返回的位置,设置 AGV 的 type 属性值标记装载加工件的产品类型,然后启动 AGV 上的传送带。此处放料流水线出口控件的程序如图 3-70 所示。

当物料传送到 AGV 装料位置时,被传感器检测到位,就停止 AGV 上的传送带,开始启

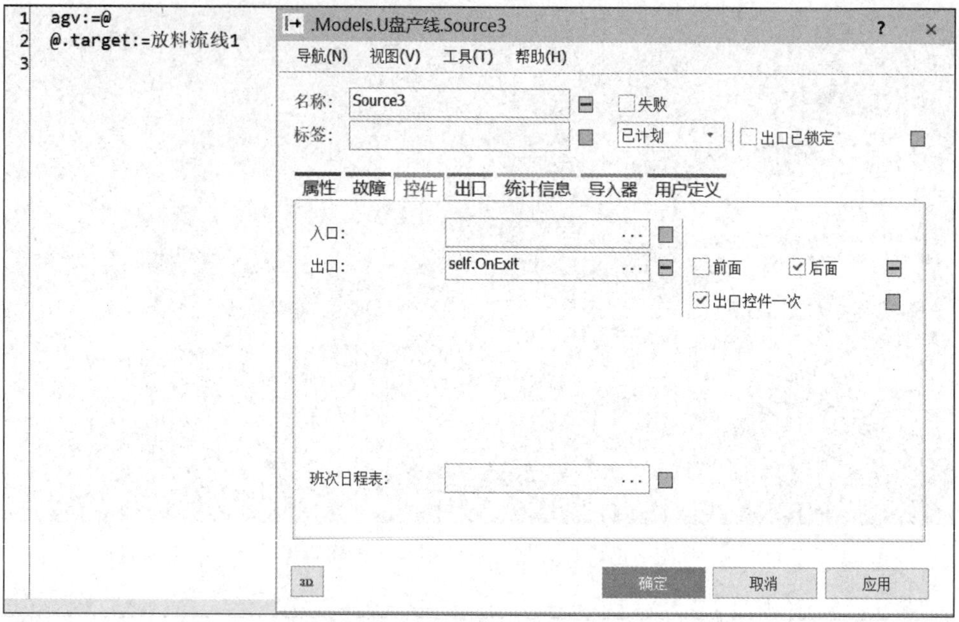

图 3-69　出口控件程序

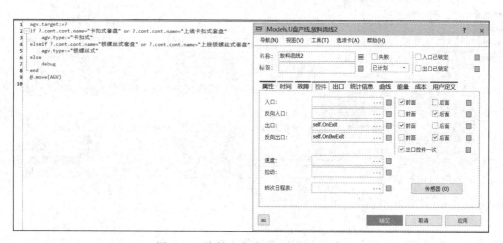

图 3-70　放料流水线出口控件的程序

动 AGV 移动。此处 AGV 装料位置的传感器程序如图 3-71 所示。

AGV 在装载原料后，根据两种产品类型的加工路线，将 U 盘物料送往不同的工站（锁螺钉工站、卡扣工站、打标工站、检测包装工站）进行组装生产。这些工站都源于类库中的子模型框架（Station Unit），设置模型框架的比例因子为 0.01，框架的表示方式为内容，在主模型框架中显示出来，如图 3-72 所示，其中 type 属性值决定了 AGV 物料是否要在此工站内加工。在检测包装工站内的 station 对象的入口控件处，将几种物料形态合并为一个 U 盘成品，并校正产品的名称。

AGV 到达 Track 对象的传感器处时，如果自身的 type 属性值和框架内的全局变量 type 值一致，或者框架内的 type 值为 all，则 AGV 停止移动，然后启动 AGV 上的传送带卸下载盘，并让后续的 Turnplate 对象的角度为 180°；否则 AGV 就直接向前移动，让 Turnplate

图 3-71　AGV 装料位置的传感器程序设定

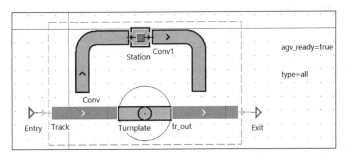

图 3-72　AGV 两种产品类型的加工路线设计

对象的角度为 0°。此处传感器的程序如图 3-73 所示。

```
1  param SensorID: integer, Front: boolean, BookPos: boolean
2  if @.type=type or type="all"
3      @.stopped:=true
4      @.cont.stopped:=false
5      turnplate.angle:=180
6  else
7      turnplate.angle:=0
8  end
```

图 3-73　Track 对象的传感器程序设计

当套盘要离开 AGV 时，就触发 AGV 装料位置出口控件，移动到 conv 上，当载具完全离开 AGV 后，开始启动 AGV。AGV 装料位置出口控件的程序如图 3-74 所示。

载具上的原料进入 station 进行加工操作，AGV 向前移动到 tr_out 的传感器处时，停下来，并将 agv_ready 值设定为 true。物料加工完成后，且 agv_ready 为 true 后，启动 AGV 上的传送带运行，将 agv_ready 值设定为 false，当载具达到 agv 传送带上的物料位置传感器处，传送带停止运动，启动 AGV 移动。各处作用的控件位置如图 3-75 所示。

AGV 返回到上件位置时，根据自身的 target 属性确定具体位置，如图 3-76 所示，当 AGV 的 target 属性值为放料流水线 2 时，在 track5 第二个传感器位置处会停止运行，并卸载 U 盘套盘。此处第二个传感器的程序如图 3-77 所示。

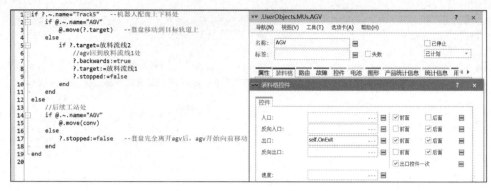

图 3-74 AGV 装料位置出口控件的程序

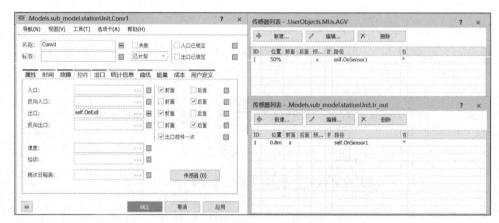

图 3-75 AGV 各处作用的控件设置

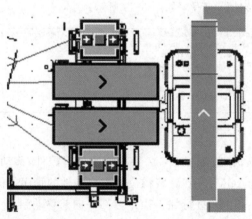

图 3-76 AGV 卸载套盘设置

当套盘完全离开 AGV 后,再次触发 AGV 装料位置的离开控件,让 AGV 回到"传感器 1"的位置。

成品返回流程与机械手配盘出库流程用到的仿真模型对象基本一致,但信息流程不同,执行成品返回流程时,v_return 为 true。当 U 盘套盘返回放料流水线的反向出口时,判断

图 3-77　AGV 卸载套盘传感器程序

是否可以执行返回任务,若可以,则将产品类型和放料流水线上的底板传递给 m_dotask 方法,若不可以,则将该任务写入生产计划表中。此处反向出口的控件程序如图 3-78 所示。

图 3-78　反向出口控件的程序设计

此时 m_dotask 方法的作用是根据勾选按钮(是否直接出库)判断成品是回到立库中暂存,还是转运给服务机器人。调用机械手搬运,切换抓手,抓取搬运套盘载具。机械手配盘出库和成品返回时都会使用 m_dotask 方法,通过变量 v_return 区别开,以下是 m_dotask 方法在成品返回时的主要程序,如图 3-79 所示。

机械手接收到调用请求后,开始执行搬运任务,移动到抓件位后,根据自身的目标控件确定要送达的目的地;取放件完成后,执行出口控件,当 count 等于 0 时,判断是否还有其他任务,若有,则进入到下一个任务执行;当 count 不等于 0 时,则机械手回到初始位置,进入任务等待状态。

通过 source 对象调用服务机器人类库中的.UserObjects.MUs.Trans,当服务机器人

```
    count+=1
if v_out.value and mu.name="成品托盘"
        --直接出库到服务机器人
    waituntil trans_ready prio 1
    trans_ready:=false
    pallet.cont.cont.move(机械手)         --成品
else
    wait 30
    var obj:=t_bom[3,i]
    if not mu.empty and mu.cont.hasattribute("from")    --增加套盘返回标记
        mu.cont.from:=to_str(obj,".cont")
    end
    waituntil obj.empty prio 1
    obj.backwards:=false
    mu.move(obj)
end
if not found
    debug
elseif v_return
//返回时立库出完后开始执行机械手搬运成品
    if pallet.cont.from="卡扣式套盘暂放位" or pallet.cont.from="锁螺钉式套盘暂放位"
        count+=1
    end
    if not v_out.value
        waituntil 立库流线3.cont.Waiting and 机械手.ResWaiting
        pallet.cont.cont.move(机械手)     --成品
    end
    repeat
        waituntil 机械手.ResWaiting
        wait 1
    until 机械手.getcurrentAngle=180     --切换抓手
    pallet.cont.move(机械手)             --成品夹具
end
```

图 3-79 m_dotask 方法在成品返回时的程序设计

到达 Track8 的出口时，触发出口控件，赋值全局变量 trans_ready 为 true。服务机器人物流模型如图 3-80 所示。

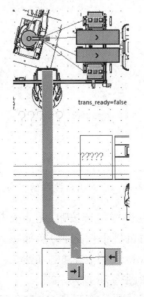

图 3-80 服务机器人物流规划模型

当服务机器人接收到机械手搬运的 U 盘后，开始执行返回指令，运动到礼品领取的位置时，触发 Track8 轨道的反向出口控件，将 U 盘放在 Drain 对象，等待用户确认后，然后返回到服务机器人等待点。Track8 的反向出口控件如图 3-81 所示。

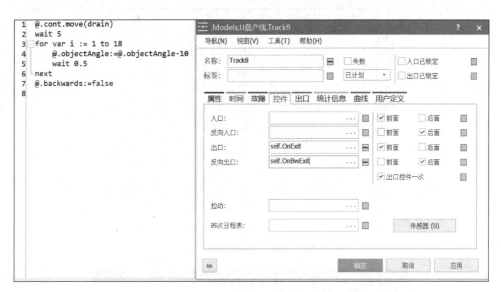

图 3-81 服务机器人反向出口控件

在类库中改变 AGV 和服务机器人的图标,如图 3-82 所示,右击所选对象→单击编辑图标→在图标选项卡里单击新建→导入位图文件→勾选"当前"→图片设置透明。

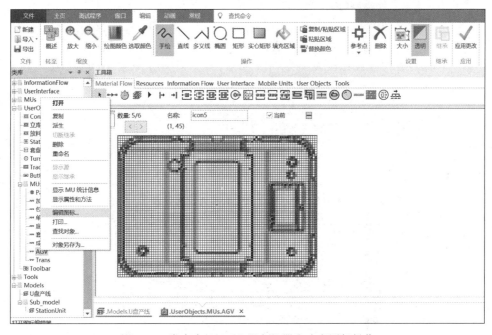

图 3-82 类库中 AGV 和服务机器人改变图标操作

设置完成 AGV 的动画线后,单击图标选项卡里的应用更改,如图 3-83 所示。

图标设置完成后,要勾选掉 AGV 对象的活动的矢量图,如图 3-84 所示,模型运行时才会起作用。

同样,编辑服务机器人的图标,设置动画点,结果如图 3-85 所示。

在 AGV 路线拐角处设置旋转动画,程序设计如图 3-86 所示。

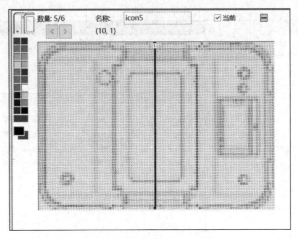

图 3-83　AGV 的动画线设置

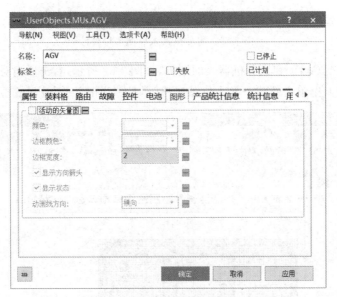

图 3-84　AGV 对象的活动矢量图设置

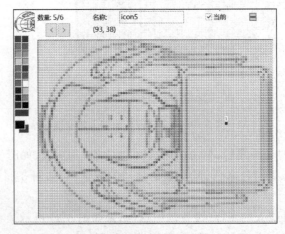

图 3-85　服务机器人动画点设置

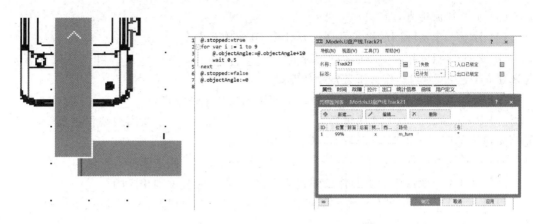

图 3-86　服务机器人拐角处动画点设置

无生产任务时,仿真会自动停止,再次单击仿真启动按钮 增加任务后,可以再次重启仿真运行,如图 3-87 所示。为避免仿真运行中断,添加额外的仿真进程,可实现仿真持续运行效果。此外,工位节拍、设备速度、输送速度和 AGV 运行速度都可以根据实际参数进行修改,使仿真运行更为准确。

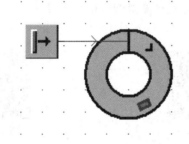

图 3-87　服务机器人重启仿真运行操作

【任务回顾】

1. 知识点总结

通过数字孪生技术中的产线规划,基于 U 盘智能产线虚拟模型,介绍了装配工艺规划的相关内容。需要掌握以下几点内容。

(1) 掌握产线规划的基本内容以及规划步骤和依据。

(2) 掌握机器人仿真的基本内容以及机器人仿真的意义和注意事项。

(3) 掌握利用 PD、NX、PS 软件实施 U 盘智能产线的仿真设计。

2. 思考与练习

(1) 实施精益生产首先要做好_____的规划,生产线单元化能给生产带来有力的改变。

(2) 生产线规划目标要以_____、_____和_____可行性为前提,故质量、安全和环境应该作为前提,不作为目标考虑。

（3）工厂物流仿真，即_____。

（4）针对一个实际问题逐步开展仿真建模，其实施步骤有_____。

（5）Process Designer 以崭新的思路把_____、_____、_____和制造特征联系起来建立工艺过程模型，作为工艺规划的基础。

（6）机器人系统仿真是指通过计算机对实际的机器人系统进行_____的技术。

（7）Process Simulate 软件包括_____、_____、_____及离线编程仿真等功能，能够实现从工厂布局仿真验证到生产线布局仿真验证。

（8）机构定义是通过定义_____给零部件增加运动学，使之能够进行机构运动。

（9）通过将资源库中的资源拖放到相应工位中，将资源分配到相应的_____。

（10）_____是用于存储特定的视角、对象可见性、对象位置、设备姿态、对象附件、对象颜色和对象查看模式的一种工具。

任务 3.2　虚拟调试

【任务描述】

设计好 U 盘智能产线布局规划后，基于数字孪生技术的工艺规划，还需要借助虚拟调试验证工艺的准确性，同时还可以在虚拟调试中找出设计和工艺规划中的不足，缩短企业设计研发周期和成本。

虚拟调试（1）

虚拟调试（2）

【知识学习】

3.2.1　虚拟调试概述

虚拟调试（Virtual Commissioning）是在机器人离线编程设计完成的基础上，对工位内设备进行逻辑控制，实现与控制系统核心（如可编程控制器、工控机等）的信息交互，进行程序联调的过程。真实工厂调试之前，在一个软件环境里模拟一种或多种硬件系统的性能，以实现虚拟世界到真实世界的无缝转化。

虚拟调试结合了三维建模、运动仿真、机器人离线调试、电气系统仿真等功能模块，在虚拟环境下进行集成，可以达到真实现场情况。在此环境下编辑并验证机器人和电气的程序设计、逻辑控制、参数设定等内容的可行性和逻辑性。在集成前发现问题并分析解决，极大地减少了现场的集成突发状况，节省近 1/3 现场调试时间，如图 3-88 所示。

虚拟调试概述

Process Simulate 标准仿真完成后，需要切换到 Line Simulation Mode，实现项目在线仿真，即在虚拟环境下运行。

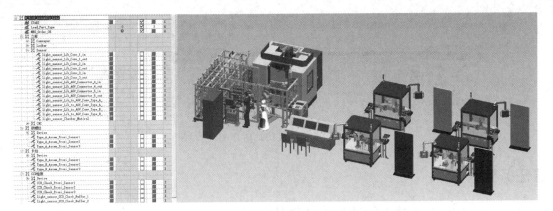

图 3-88 U 盘智能产线虚拟仿真界面

在 Process Designer 中选择 U_Disk_Assembly_Line,右击,选择 Open with Process Simulate in Line Simulation Mode,打开项目在线仿真模式,如图 3-89 所示。

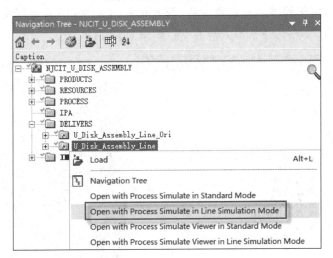

图 3-89 项目在线仿真模式设置

或者在 Process Simulate 中单击 Home→Line Simulation Mode 切换到在线仿真模式,如图 3-90 所示。

图 3-90 项目在线仿真模式设置(Home 法)

选择 Operation Tree→Operation→LineOperation,右击 Set Current Operation 菜单,打开 Sequence Editor(时序驱动编辑)设置对话框,然后单击选择 LineOperation,如图 3-91 所示。

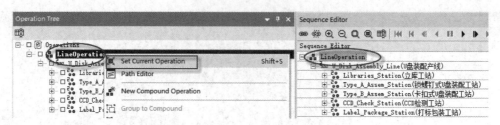

图 3-91 项目在线仿真时序驱动设置

【任务实施】

3.2.2 机器人上下料工作站的虚拟调试

1. 创建机器人程序框架

Process Simulate 中机器人程序由多条具有特殊功能的子程序组成,而在实际中机器人是通过主程序调用子程序的方式实现的,因此在机器人 PS 中需要创建机器人的主程序框架。在 Object Tree 中选择机器人资源 R1,如图 3-92 所示。

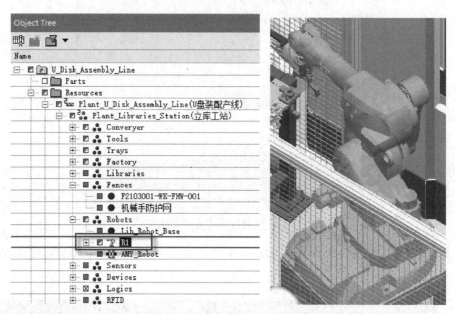

图 3-92 Object Tree 中选择机器人

(1) 在菜单栏中单击 Robot→Program→Robotic Program Inventory,打开 Robotic Program Inventory 对话框,单击 按钮打开 New Robotic Program 对话框,在 Name 文本框中输入 R1_Program,在 Robot 文本框中输入 R1,单击 OK 按钮,如图 3-93 所示。

(2) 选中 R1_Program,单击 Set as Default Program 按钮 ,如图 3-94 所示。

(3) 单击 Open in Program Editor 按钮 ,将 R1_Program 添加到 Path Editor 窗口中,如图 3-95 所示。

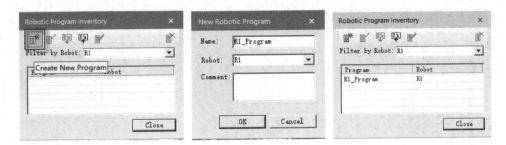

图 3-93　Robotic Program Inventory 界面

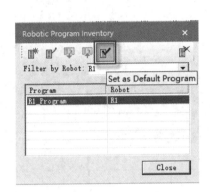

图 3-94　Default Program 设置界面

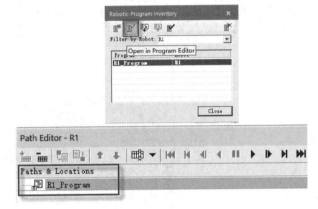

图 3-95　Path Editor 窗口界面

（4）在 Operation Tree 下选中 R1_Operations→R1_Change_Tray_Gripper，单击 Path Editor 中的 Add Operation to Program 按钮 ，将 R1 机器人的操作 R1_Change_Tray_Gripper 添加到 R1_Program 主框架中，如图 3-96 所示。

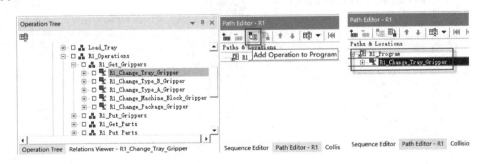

图 3-96　机器人操作添加到主程序框架界面

（5）用同样的方法将 R1 机器人的所有操作全部添加到 R1_Program 主框架中，如图 3-97 所示。

（6）在 Path Editor 中单击 Customize Columns 按钮 ，将 Path♯ 栏显示出来，如图 3-98 所示。

（7）定义 R1 机器人的 4 个主程序号分别为 10、20、30、40，如图 3-99 所示。

（8）用同样的方法和步骤创建其他机器人程序框架。

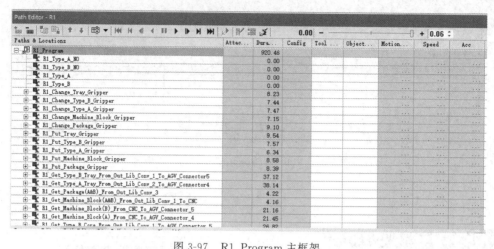

图 3-97　R1_Program 主框架

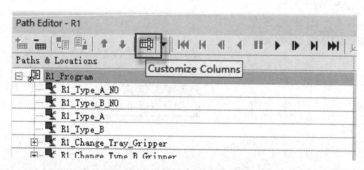

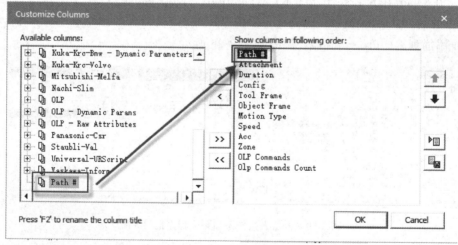

图 3-98　Path#栏显示操作

2. 机器人信号配置

（1）在 Object Tree 中选择机器人资源 R1，单击菜单栏中的 Control→Robot→Robot Signals，显示 R1 机器人的信号窗口标题栏，如 3-100 所示。

（2）在 Robot Signals 窗口中单击 Create Default Signals 按钮 ，创建机器人默认信号，如图 3-101 所示。

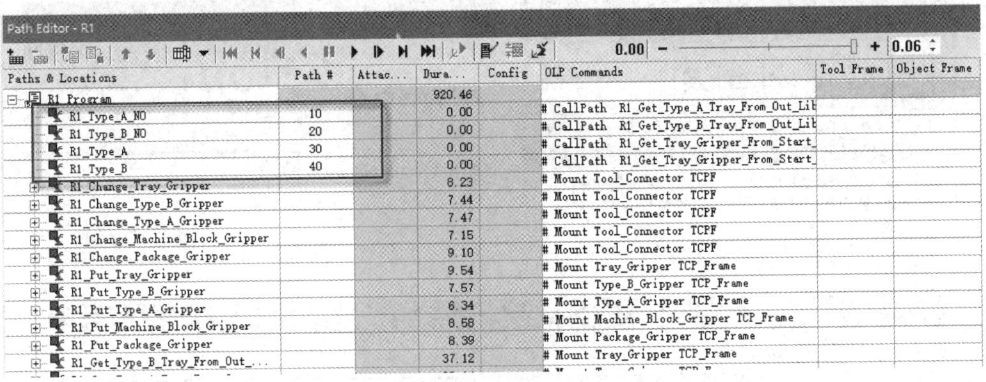

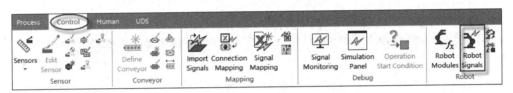

图 3-99 R1 机器人主程序号界面

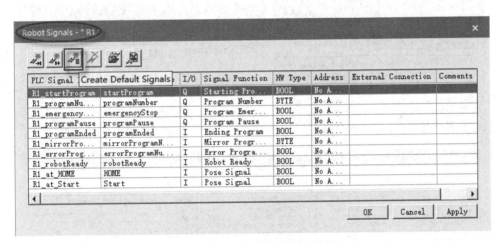

图 3-100 机器人的信号标题栏

图 3-101 创建机器人默认信号界面

（3）单击 New Input Signal 按钮 ，弹出 Input Signal 对话框，在 PLC Signal Namew 文本框中输入 R1_DO1，Robot Signal Name 文本框中输入 DO1，将 PLC 信号和机器人信号建立好对应连接，单击 OK 按钮，如图 3-102 所示。

（4）单击 New Output Signal 按钮 ，弹出 Output Signal 对话框，在 PLC Signal Name 文本框中输入 R1_DI1，在 Robot Signal Name 文本框中输入 DI1，单击 OK 按钮，如图 3-103 所示。注意与步骤（3）的区别，输入信号和输出信号是以机器人为主体，即 PLC 的输出端口信号对应机器人的输入信号。

（5）用同样的方式创建 R1 机器人的其他信号，如图 3-104 所示。

（6）同样的方法和步骤创建其他机器人的信号。

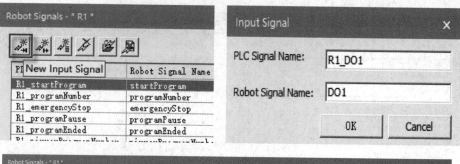

图 3-102 创建 Input Signal 对话框

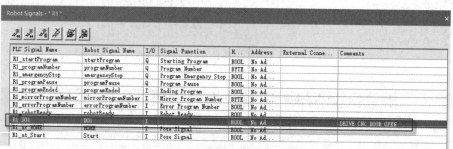

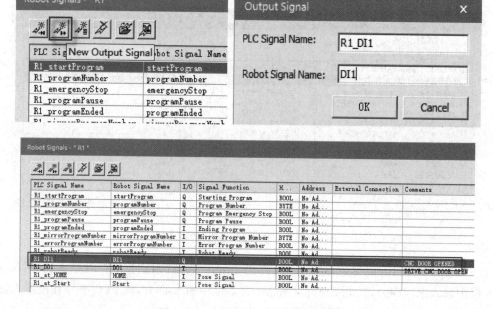

图 3-103 创建 Output Signal 窗口

3. 机器人宏程序编写

在处理重复且类似程序时,为了减少输入数量和长度,可以使用宏程序,宏程序已被引入虚拟仿真软件中作为一种语言结构。机器人宏程序是已预定义完成的机器人离线编程命令清单,并能存储在 Macro file 中,可以被不同程序调用。

(1) 在项目的 Sysroot 下新建一个 Robot_Macro 文件夹,用于存放机器人的宏程序文件。

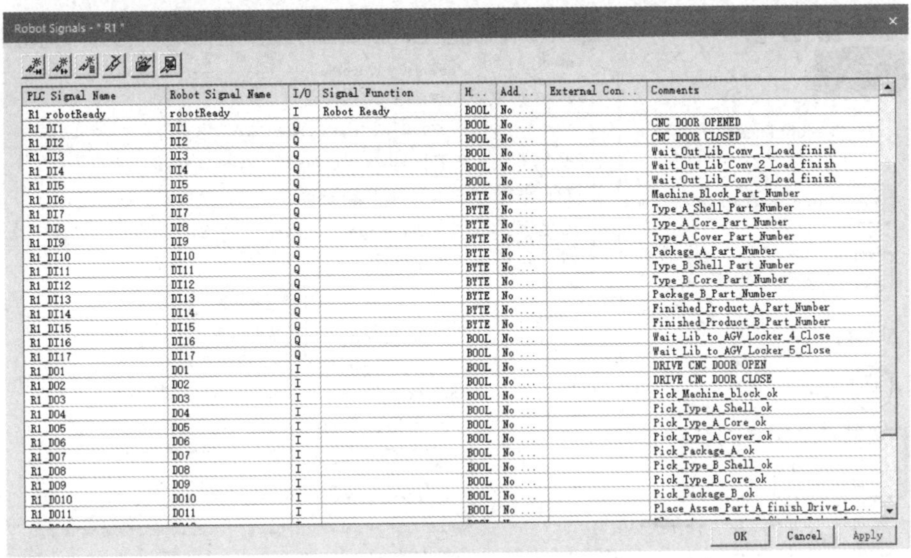

图 3-104 创建机器人其他信号的窗口

（2）在 Robot_Macro 文件夹下新建一个文本，修改名称和文本格式为 default.macros。双击打开编写机器人宏程序指令，如图 3-105 所示。

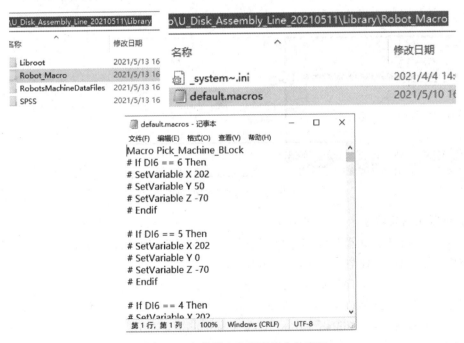

图 3-105 机器人宏程序指令的窗口

（3）在 PS 中单击 File→Options，打开选项设置窗口。

（4）单击 Motion 选项，在 Robots Macros files folder 下拉列表中更改步骤（2）生成的文件存储路径如\NJCIT_U_DISK_ASSEMBLY\Libroot\Robot_Macro，如图 3-106 所示，单击 OK 按钮，关闭选项设置窗口。

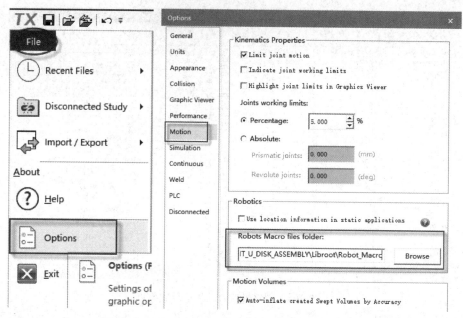

图 3-106　设置 Robots Macros files folder 目录窗口

（5）单击图 3-106 中的 Graphic Viewer 选项，在弹出的 Robot Modules 对话框中单击"+"按钮，添加已创建好的宏程序 default.macros，如图 3-107 所示。

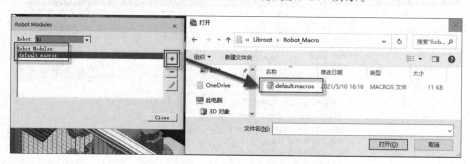

图 3-107　创建宏程序步骤

4. 机器人信号编程

进行虚拟调试时，机器人和 PLC 之间有信息交互过程，因此需要在机器人的程序路径点上添加信号配置，实现与 PLC 的信号实时通信。

将 R1 机器人的主程序添加到 Path Editor 中，如图 3-108 所示。

打开 R1_Type_A_NO 的 OLP Commands 窗口，右击选择编辑区内的 ♯ CallPath R1_Get_Machine_Block(A)_Finish_From_AGV_Connector_4_To_Out_Lib_Conv_3，在弹出的菜单中选择 Standard Commands→ProgramFlow→Macro，弹出 Macro 对话框，单击下三角按钮，在下拉列表中选择 Place_Type_A_Machine_BLock_Finished 宏程序，单击 OK 按钮，完成添加调用宏程序操作，如图 3-109 所示。

单击 ♯ CallPath　R1_Put_Package(A&B)_Finish_To_Out_Lib_Conv_3 命令，然后添加置位信号 DO13 后复位该信号，如图 3-110 所示。

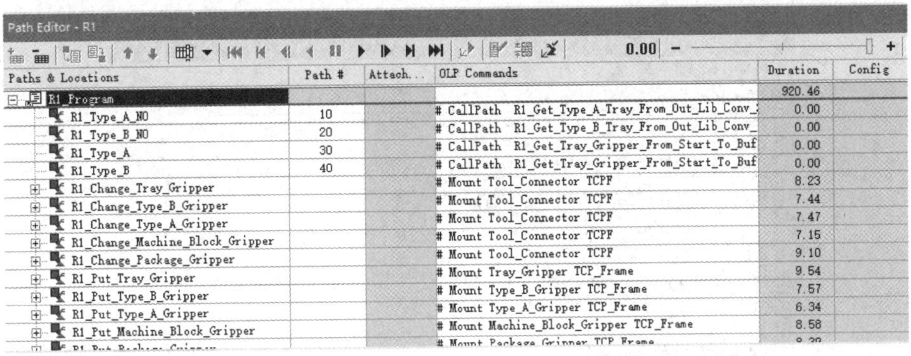

图 3-108 机器人的主程序 Path Editor 操作

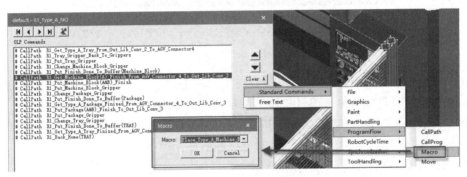

图 3-109 添加调用宏程序指令操作

图 3-110 机器人信号添加基本操作

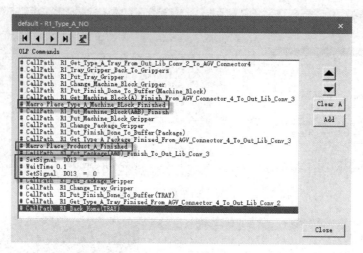

图 3-110（续）

用同样的方法可以设置机器人和 PLC 交互的其他信号。信号是表示消息的物理量，是消息的载体。信号可分为输入信号和输出信号，又可分为数字量信号和模拟量信号。数字输入信号一般是控制条件信号，如按钮开关信号、限位开关信号等。数字输出信号一般用来控制执行元件，如气缸的电磁阀、电机的交流接触器等。

1) 导入 PLC 符号表

单击 Control→Mapping→Import Signals ，如图 3-111 所示。

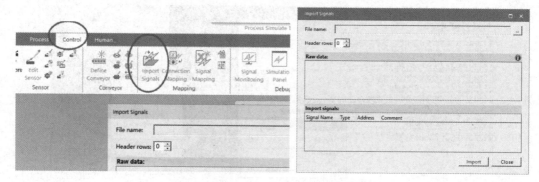

图 3-111　Import Signals 配置对话框

在 Flie name 菜单项中选择到所需的信号文件，然后单击"打开"以将其加载到原始数据表中。设置标题行以匹配信号文件中标题行的数量，如图 3-112 所示。

将相关列从"原始数据"表拖到"导入信号"表中，如图 3-113 所示。

单击 Import 按钮导入。在 Process Simulate 模块中导入信号，在 Signal Viewer 中显示它们，并提示查看导入日志，如图 3-114 所示。

2) 信号关联

在 Object Tree 下单击选中锁紧气缸 Lib_to_AGV_Locker_1，单击编辑逻辑块，查看逻辑块的输入/输出端，如图 3-115 所示。

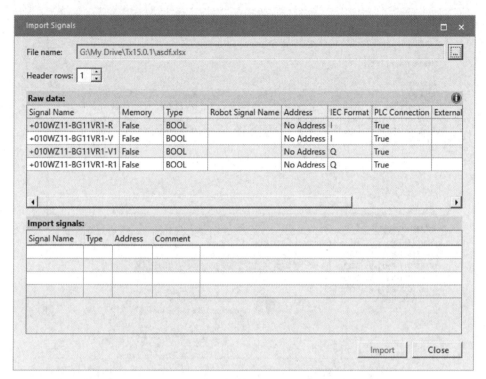

图 3-112　Import Signals 对话框的 Raw data 导航器操作界面

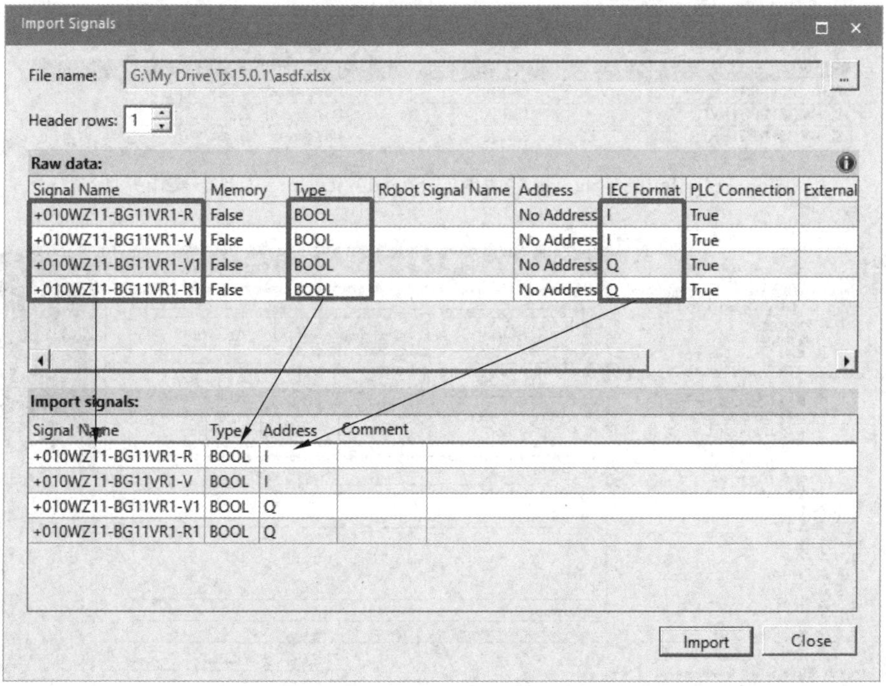

图 3-113　Import Signals 对话框的 Import Signals 导入信号操作界面

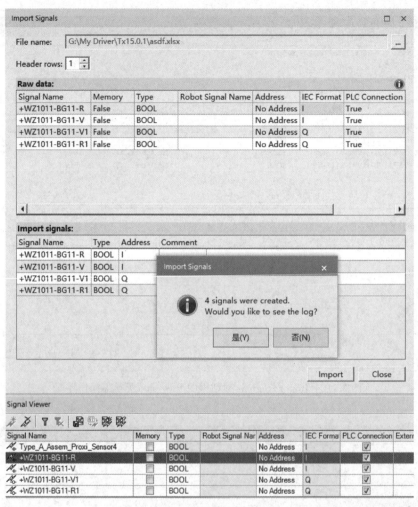

图 3-114　Import Signals 对话框的 Signal Viewer 导入日志操作界面

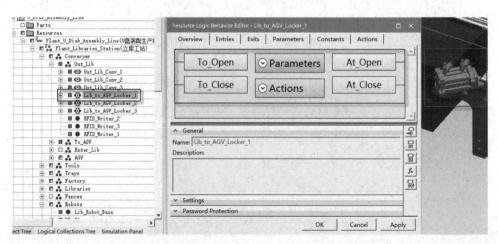

图 3-115　Resource Logic Behavior Editor 对话框

打开\eMPower\Plc\MappingTemplates 下的 ConnectionMappingTemplate_eMS. xlsx 表格，编辑表格中的内容，如图 3-116 所示。

ResourceName	CategoryNameProvider	PinName	SignalWireName	SignalType	Address	Comment	External Connection
Lib_to_AGV_Locker_1		To_Open	Lib_to_AGV_Locker_1_To_Open	Q	No Address		
Lib_to_AGV_Locker_1		To_Close	Lib_to_AGV_Locker_1_To_Close	Q	No Address		
Lib_to_AGV_Locker_1		At_Open	Lib_to_AGV_Locker_1_At_Open	I	No Address		
Lib_to_AGV_Locker_1		At_Close	Lib_to_AGV_Locker_1_At_Close	I	No Address		

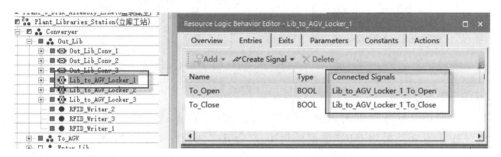

图 3-116　AGV 逻辑块表格内容编辑界面

ResourceName 即 PS 中的资源名称，CategoryNameProvider 不需要填写，PinName 即逻辑块中的 Entries 和 Exits，SignalWireName 为外部 PLC 信号，SignalType 即 PLC 的信号类型，Address 即信号对应的 PLC 内部地址。单击 Control→Mapping→Connection Mapping→Converyer→Resource Logic Behavior→Create Signal→Connected Signals 命令，选择编辑好的 Excel 表格，单击 OK 按钮即可，如图 3-117 所示。

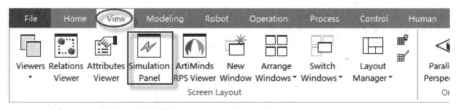

图 3-117　AGV 逻辑块的 Resource Logic Behavior Editor 对话框

用同样的方法编辑好表格内容后导入到 PS 软件中。

3）仿真运行调试

（1）信号监视

在进行虚拟仿真调试时，需要对信号状态进行查看或者更改信号值，以便模拟与 PLC 进行实时通信。在菜单栏中单击 View→Simulation Panel，如图 3-118 所示。

图 3-118　Simulation Panel 菜单栏

在 Simulation Panel 对话框中，当需要查看或者更改状态的信号时，对 Inputs 信号中，如果是数字量输入信号，在 Forced 标签栏中勾选复选框，即表示该输入信号端有信号输入或表示接通；如果是模拟量输入信号，通过 Forced Value 标签栏可以输入模拟量数值。对 Outputs 信号也一样，如果是数字量输出信号，在 Forced 标签栏中勾选复选框，即表示该输出信号端有信号输出或表示接通；如果是模拟量输出信号，通过 Forced Value 标签栏可以输出模拟量数值，如图 3-119 所示。

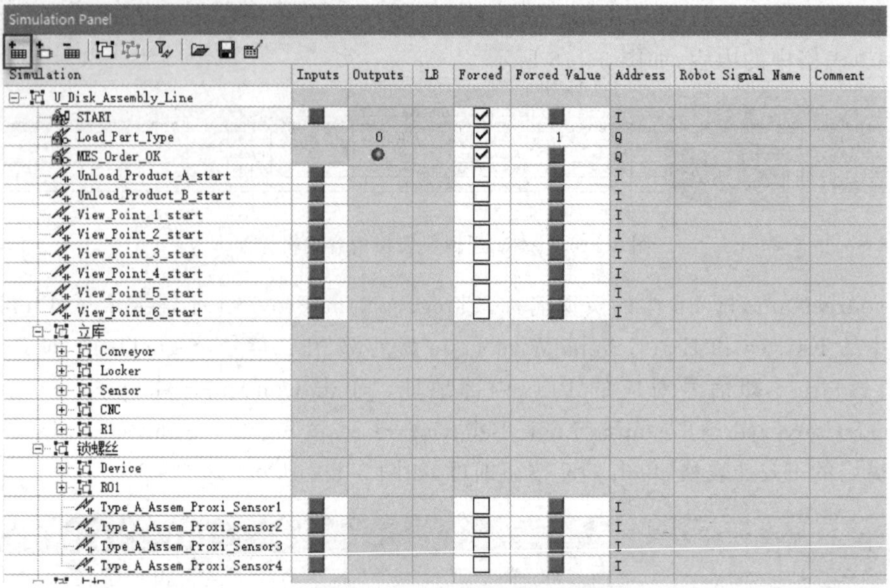

图 3-119 Simulation Panel 信号设置对话框

(2) 搭建 VC 环境

由于虚拟仿真软件提供的 PLC 连接方式不同，虚拟调试系统也对应了不同的连接方式。常见连接方式是采用 OPC 数据采集协议。OPC 协议是对象连接和嵌入技术在过程控制方面的应用，以 C/S 模式为面向对象的工业自动化软件的开发建立了统一标准，该标准定义了在基于 PC 的客户机之间进行自动化数据实时交换的方法。采用 OPC 标准后，驱动程序不再由软件开发商开发，而是由硬件开发商根据硬件的特征，将各个硬件设备驱动程序和通信程序封装成可独立运行或嵌入式运行的数据服务器。

在菜单栏中单击 File→Options，弹出 Options 对话框，选择 PLC 标签，在 Simulation 复选框中，选中 PLC 和 External Connection，然后单击 Connection Settings 按钮，打开 External Connections 对话框，如图 3-120 所示。

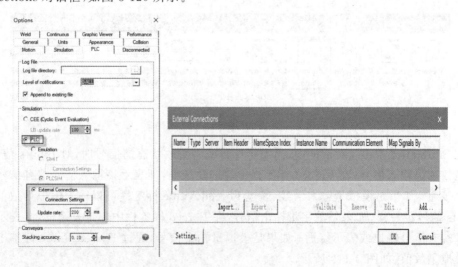

图 3-120 External Connections 设置窗口

单击 Add 按钮，在级联菜单中选择 OPC UA，弹出 Add OPC Unified Architecture Connection 对话框，如图 3-121 所示。

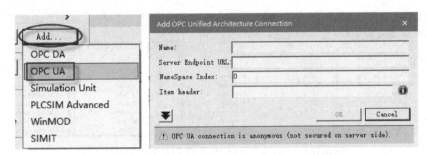

图 3-121　Add OPC Unified Architecture Connection 对话框

在 Name 文本框中输入 U_Disk，在 Server Endpoint URL 文本框中输入 OPC UA 服务器端口 opc.tcp://192.168.0.1:4840，在 Host Name 文本框中输入服务器 IP 地址 192.168.0.1（注意：输入完整 IP 地址后，要按 Enter 键确认才有效），在编辑区选中 Objects→PLC_1→Inputs→Tag_1，单击 OK 按钮，如图 3-122 所示。

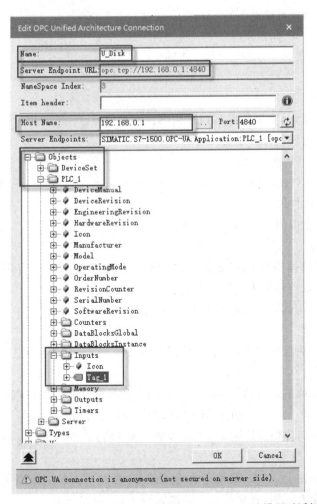

图 3-122　Add OPC Unified Architecture Connection 设置对话框

如要实现 U 盘智能产线的虚实联动，还需要将外部的 PLC 信号采集到虚拟仿真软件中，在 Signal Viewer 对话框中，将 PLC Connection 标签栏中勾选复选框，如图 3-123 所示。

Signal Name	Memory	Type	Robot Signal Nar	Address	IEC Forma	PLC Connection	External Connection	Resource	Comment
Lib_to_AGV_Locker_1_To_Close	☐	BOOL		No Address	Q	☑	U_Disk	● Lib_to_AGV_Locker_1	
Lib_to_AGV_Locker_2_To_Open	☐	BOOL		No Address	Q	☑	U_Disk	● Lib_to_AGV_Locker_2	
Lib_to_AGV_Locker_2_To_Close	☐	BOOL		No Address	Q	☑	U_Disk	● Lib_to_AGV_Locker_2	
Lib_to_AGV_Locker_3_To_Open	☐	BOOL		No Address	Q	☑	U_Disk	● Lib_to_AGV_Locker_3	
Lib_to_AGV_Locker_3_To_Close	☐	BOOL		No Address	Q	☑	U_Disk	● Lib_to_AGV_Locker_3	
Lib_to_AGV_Locker_4_To_Open	☐	BOOL		No Address	Q	☑	U_Disk	● Lib_to_AGV_Locker_4	
Lib_to_AGV_Locker_4_To_Close	☐	BOOL		No Address	Q	☑	U_Disk	● Lib_to_AGV_Locker_4	
Lib_to_AGV_Locker_5_To_Open	☐	BOOL		No Address	Q	☑	U_Disk	● Lib_to_AGV_Locker_5	
Lib_to_AGV_Locker_5_To_Close	☐	BOOL		No Address	Q	☑	U_Disk	● Lib_to_AGV_Locker_5	

图 3-123 Signal Viewer 与外部 PLC 信号设置窗口

> **精益求精**
>
> 做好 U 盘智能产线布局规划后，基于数字孪生技术的工艺规划，还需要借助虚拟调试进行验证工艺的准确性，同时还可以在虚拟调试中找出设计和工艺规划中的不足，缩短企业设计研发周期和成本。我们要巩固自己的专业知识，提升自身的能力，以精益求精的精神来开发应用新技术、新工艺、新方法。

【任务回顾】

1. 知识点总结

根据本任务的学习，大家要掌握以下内容。

（1）工艺仿真规划包含的主要内容。

（2）虚拟仿真的特点。

（3）虚拟仿真软件的功能。

（4）虚拟仿真软件的基本操作。

（5）智能产线虚拟仿真中的注意事项。

2. 思考与练习

1. 根据 PS 软件提供的 PLC 连接方式的不同，虚拟调试系统也有不同的互联方式。其中通过_____协议连接的方式较为普遍。

2. 在进行虚拟调试时需要对信号状态进行查看或者更改_____，以便与 PLC 进行实时通信。

3. 信号是表示消息的物理量，信号是运载消息的_____，是消息的_____。

4. 输入信号有_____和_____。

5. 在进行虚拟调试时，机器人和 PLC 之间有信号的_____过程，因此需要在机器人的程序路径点上添加_____，实现与 PLC 的信号实时通信。

6. 在处理重复与类似程序时，为了减少输入数量和长度，_____已被引入作为语言结构。

7. 虚拟调试是在_____编程完成的基础上，通过对工位内设备进行逻辑化处理，实现与 PLC 的信号交互，进行程序_____的过程。

【项目总结】

分析能力:智能产线功能分析、控制系统流程分析、机器人运动轨迹分析。

应用能力:产线规划设计、工厂物流仿真设计、虚实联动设计。

拓展能力:运用虚拟仿真软件实现产线工作站的工艺规划和仿真调试运行。

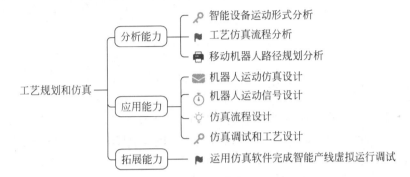

项目 4

生 产 执 行

【项目引入】

数字孪生智能制造产线体现工业 4.0 先进理念,引入数字化工厂领域成熟的经验和能力,结合产业的实际需求而建设。全面体现数字孪生的"验证即生产,实体即数据"两大核心理念,既涵盖数字化工厂管理的软件,又包含实体的 U 盘产线。

数字孪生智能产线系统主要由立体仓库单元、数控加工单元、AGV 智能物流系统、CCD 检测和包装单元、锁螺钉式 U 盘组装工站、卡扣式 U 盘组装工站、个性化定制工站、中央控制台、输送线系统等单元组成。

【知识图谱】

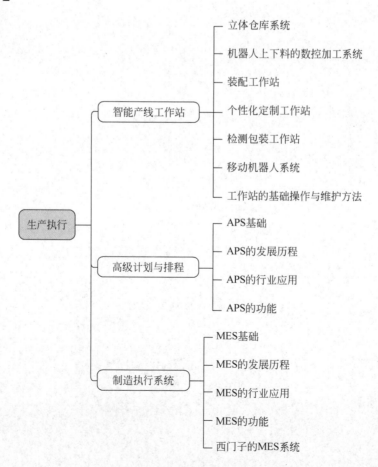

任务 4.1 智能产线工作站

【任务描述】

数字化定制 U 盘数字孪生物理智能制造产线如图 4-1 所示,能够加工生产出个性化 U 盘产品。产线中的工作站是如何协同工作,将 U 盘从原料组装加工成个性化产品,各个工作站由哪些装置组成,通过本任务可以充分熟悉和掌握产线中智能装备的相关知识,为后续制造业转型升级提供参考。

图 4-1　U 盘数字孪生物理智能制造产线场景

【知识学习】

4.1.1　立体仓库系统

立体仓库系统又称为自动化立体仓库,简称立体仓库,利用立体仓库系统可实现仓库高层合理化、存取自动化、操作简便化,如图 4-2 所示。立体仓库系统主要包括货架、托盘(货箱)、巷道码垛机、输送线、输送机、控制系统、储存信息管理系统。货架是用于存储货物的钢结构,主要有焊接式货架和组合式货架两种基本形式。托盘(货箱)是用于承载货物的器具,也称工位器具。巷道码垛机是用于自动存取货物的设备,按结构形式分为单立柱和双立柱两种基本形式;按服务方式分为直道、弯道和转移车三种基本形式。输送线是立体仓库的主要外围设备,负责将货物运送到码垛机或从码垛机将货物移走。输送机种类非常多,常见的有辊道输送机、链条输送机、升降台、分配车、提升机、皮带机等。控制系统是主要由条形码管理系统、通信系统、自动控制系统、计算机监控系统、计算机管理系统以及其他辅助设备组成的复杂的自动化系统,通信方式以现场总线形式为主。储存信息管理系统也称中央计算机管理系统,是立体仓库的核心。典型的立体仓库系统均采用大型的数据库系统构筑典型的客户机/服务器体系,可以与其他系统(如 ERP 系统等)联网或集成。

1. 立体仓库系统基础知识

立体仓库系统运用一流的集成化物流理念,采用先进的控制、总线、通信和信息技术,协调设备动作进行出入库作业,如图 4-3 所示。

图 4-2 立体仓库示意图

图 4-3 自动化立体仓库系统

20世纪50年代初,美国出现了采用桥式码垛机的立体仓库;50年代末至60年代初,出现了由司机操作的巷道式码垛机立体仓库;1963年,美国率先在高架仓库中采用计算机控制技术,建立了第一座计算机控制的立体仓库。此后,自动化立体仓库在美国和欧洲得到迅速发展,并形成了专门的学科。20世纪60年代中期,日本开始兴建立体仓库,并且发展速度越来越快,成为当今世界上拥有自动化立体仓库最多的国家之一。我国对立体仓库及其物料搬运设备的研制开始并不晚,1963年研制成第一台桥式码垛起重机,1973年开始研制中国第一座由计算机控制的自动化立体仓库。立体仓库由于具有很高的空间利用率、很强的出入库能力、采用计算机进行控制管理、利于企业实施现代化管理等特点,已成为企业物流和生产管理不可缺少的仓储技术,越来越受到企业的重视。

(1) 立体仓库有不同的分类方式,按结构可分为整体式和分离式。

(2) 按货物存储分为单元货架式、移动货架式和拣选货架式。

① 单元货架式是常见的仓库形式,货物先放在托盘或集装箱内,再装入单元货架的货位上。

② 移动货架式由电动货架组成,货架可以在轨道上行走,由控制装置控制货架合拢和分开,作业时可将货架分开,在巷道中进行作业;不作业时可将货架合拢,只留一条作业巷

道,从而提高空间的利用率。

③ 拣选货架式分为巷道内分拣和巷道外分拣两种方式。分拣机构是其核心部分,巷道内分拣(又称为人到货前拣选)是拣选人员乘拣选式码垛机到货格前,从货格中拣选所需数量的货物出库;巷道外分拣(又称为货到人处拣选)是将存有所需货物的托盘或货箱由码垛机运至拣选区,拣选人员按提货单的要求拣出所需货物,再将剩余的货物送回原地,如图 4-4 所示。

(3) 按货架构造可以分为单元货格式、贯通式、水平旋转式和垂直旋转式。

① 单元货格式仓库类似单元货架式,巷道占去了三分之一左右的面积,如图 4-5 所示。

图 4-4　拣选货架式

图 4-5　单元货格式结构

② 贯通式仓库是为了提高仓库利用率,可以取消位于各排货架之间的巷道,将个体货架合并在一起,使每一层、同一列的货物互相贯通,形成能一次存放多货物单元的通道,而在另一端由出库起重机取货,成为贯通式仓库。根据货物单元在通道内的移动方式,贯通式仓库又可分为重力式货架仓库和穿梭小车式货架仓库。重力式货架仓库的每个存货通道只能存放同一种货物,所以它适用于货物品种不太多而数量又相对较大的仓库。穿梭式小车可以由起重机从一个存货通道搬运到另一个通道。

③ 水平旋转式货架仓库的货架本身可以在水平面内沿环形路线来回运行。每组货架由若干独立的货柜组成,用一台链式传送机将这些货柜串联起来。每个货柜下方有支撑滚轮,上部有导向滚轮。传送机运转时,货柜便相应运动。需要提取某种货物时,只需在操作台上给予出库指令。当装有所需货物的货柜转到出货口时,货架停止运转。这种货架对于小件物品的拣选作业十分合适。它简便实用,充分利用空间,适用于作业频率要求不太高的场合。

④ 垂直旋转式货架仓库与水平旋转式货架仓库相似,只是把水平面内的旋转改为垂直面内的旋转。这种货架特别适用于存放长卷状货物,如地毯、地板革、胶片卷、电缆卷等。

目前自动仓储物流系统已在医药生产、汽车制造、机械制造、电子制造、军事后勤装备等领域广泛应用。立体仓库已用来解决城市停车难的问题。随着经济全球化步伐的加快,物流供应链中蕴藏的巨大潜力越来越引起人们的注意。物流中心是物流供应链中的重要枢纽之一。它是接收并处理下游用户的订货信息,对上游供应方的大批量货物进行集中储存、加工等作业,并向下游进行批量转运的设施和机构。自动化立体仓库系统作为物流中心的重要组成部分,直接影响企业领导者制订战略和计划、指挥和调整企业行动。

2. U 盘智能产线的立体仓库系统

数字孪生 U 盘智能制造产线中利用立体仓库系统存储 U 盘的原料及成品,如图 4-6 和

图 4-7 所示。原料分为两种形态：一种是一个托盘内只存放相同的原料，生产时由巷道码垛机（图 4-8）取出送至配盘流水线；另一种是托盘内存放了产品组装所需的所有原料，这种托盘出库后由机器人直接抓取放入出料流水线上，然后由 AGV 运送到组装区进行组装，如图 4-9 所示。

图 4-6 立体仓库系统

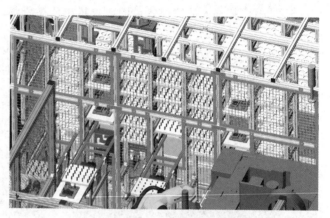

图 4-7 立体仓库系统三维模型图

卡扣式 U 盘原材料主要由外壳及芯片组件组成，芯片及其固定塑料件以组件形式放在托盘内。锁螺钉式 U 盘原材料主要由 U 盘壳盖、主体及芯片原材料组成，分别放在托盘不同的穴位内，如图 4-9 所示。

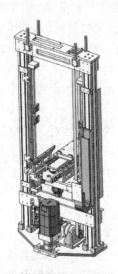

图 4-8 巷道码垛机三维模型图

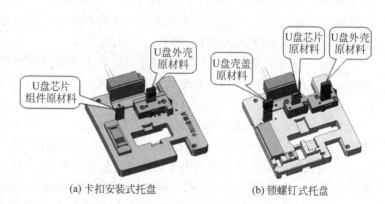

(a) 卡扣安装式托盘　　(b) 锁螺钉式托盘

图 4-9 立体仓库系统料盘托盘三维模型图

立体仓库系统采用高强度工业框架式底座。底座框架分体式设计，共分三部分：底板间由双连接块定位连接；铝合金双排货架由欧标铝合金型材搭建；库位承载使用不锈钢钣金材料安装库位感应附件及托盘定位附件。型材立柱间做定位，保证各库位位置精度，单个库位最大承重 5kg，总计有 60 个库位。

高精密级原料托盘配有定位、导向部件，定位特征统一。依据各原料零部件外形设计托盘，托盘上均安装 RFID 标签，以记录当前载具上承载的原料信息。三条出入库对接流水线分别是原材料人工投放入库流水线、原材料出库 AGV 接驳流水线、成品入库 AGV 接驳流水线。三条流水线可通过调速器手动调速。库位状态输出系统通过库位载具在库感应器状态输出当前库位载具在库数量，PLC 将数据传送至 MES 系统。库位数据输出系统由载具上的 RFID 标签信息反馈出当前立库原材料数量。

3. 仓储管理系统

仓储管理系统（WMS）是一个实时的计算机软件系统，它能够按照运作的业务规则和运算法则，对信息、资源、行为、存货和分销运作进行管理，提高效率。WMS 是能够控制和管理货物或材料从进入仓库到搬出仓库的软件和流程。仓库操作包括库存管理、拣选流程和审计。实施 WMS 可以帮助企业降低人力成本，提高库存的准确性、灵活性和反应能力，减少分拣货和发货的错误，并改善客户服务。现代仓储管理系统以实时数据运作，能够管理订单、发货、收据和货物移动等最新信息。仓储管理系统具有以下优点。

（1）基础资料管理更加完善，文档利用率高。

（2）库存准确，操作效率高。

（3）库存少，物料资产使用率高。

（4）现有的操作规程执行难度小。

（5）易于制订合理的维护计划。

（6）数据更新及时，成本降低。

（7）提供历史记录分析。

（8）规程文件变更后能被及时传递和正确使用。

（9）仓库与财务的对账工作量效率提高。

（10）预算控制严格，退库业务减少。

制造业中的仓库作为供应链上的节点，其作用主要是协调整个供应链。现代企业面临着许多不确定因素，无论是来自供货方还是来自生产方或客户，对企业来说，处理好库存管理与不确定性关系的唯一办法是加强企业间信息的交流和共享，增加库存决策信息的透明性、可靠性和实时性。而这正是 WMS 所要帮助企业解决的问题。

WMS 软件和进销存管理软件的区别在于：进销存软件的目标是针对特定对象（如仓库）的商品、单据流动，是对仓库作业结果的记录、核对和管理；而 WMS 软件则除了管理仓库作业的结果记录、核对和管理外，最大功能是对仓库作业过程的指导和规范，不但对结果进行处理，更是通过对作业动作的指导和规范，保证作业的准确性、速度和相关记录数据的自动登记（入计算机系统），提升仓库的使用效率，增加管理透明度和真实度，降低成本。比如通过无线终端指导操作员给某订单发货：当操作员提出发货请求时，终端提示操作员应到哪个具体的仓库货位取出指定数量的哪些商品，扫描货架和商品条码核对是否正确，然后送到接货区，录入运输单位信息，完成出货任务，更重要的是包括出货时间、操作员、货物种类、数量、产品序列号、承运单位等信息，在货物装车的同时，通过无线方式传输到了计算机信息中心数据库，如图 4-10 所示。

仓储管理系统是仓储管理信息化的具体形式，在我国市场上呈现出二元结构：以跨国公司或国内少数先进企业为代表的高端市场，其应用 WMS 的比例较高，系统集中在国外基本成熟的主流品牌；以国内企业为代表的中低端市场，主要应用国内开发的 WMS 产品。目前我国有以下四类应用情况。

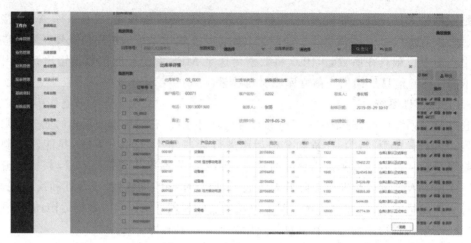

图 4-10　WMS 仓储系统界面

（1）基于典型的配送中心业务的应用系统，在销售物流中如连锁超市的配送中心，在供应物流中如生产企业的零配件配送中心，都能见到这样的案例。

某医药公司的现代物流中心仓储管理系统目标，一是落实国家有关医药物流的管理和控制标准等，二是优化流程，提高效率。系统功能包括进货管理、库存管理、订单管理、拣选、复核、配送、RFID 终端管理、商品与货位基本信息管理等功能模块；通过网络化和数字化方式，提高库内作业控制水平和任务编排。该系统把配送时间缩短了 50%，订单处理能力提高了一倍以上，取得了显著的社会效益，成为医药物流的一个样板。此类系统多用于制造业或分销业的供应链管理中，也是 WMS 中最常见的一类。

（2）以仓储作业技术整合为主要目标的系统，解决自动化设备的信息系统之间整合与优化的问题。

如某企业热轧厂的生产物流信息系统，该系统主要解决原材料库（钢坯）、半成品库（粗轧中厚板）与成品库（精轧薄板）之间的协调运行问题，否则将不能保持连续作业，不仅放空生产力，还会浪费能源。该系统的难点在于物流系统与轧钢流水线的各自动化设备系统要无缝连接，使库存成为流水线的一个流动环节，也使流水线成为库存操作的一个组成部分。各种专用设备均有自己的信息系统，WMS 不仅要整合设备系统，还要整合工艺流程系统，融入更大范围的企业整体信息化系统中去。此类系统涉及的流程相对规范化、专业化，多出现在大型 ERP 系统之中。

（3）以仓储业的经营决策为重点的应用系统，具有非常灵活的计费系统、准确及时的核算系统和功能完善的客户管理系统，为仓储业经营提供决策支持信息。

如一些提供仓储服务的企业采用的 WMS 系统，由于这些企业流程管理、仓储作业的技术共性多、特性少，职位减少可节省人工成本，提高仓库利用率，增加经济效益，不参与后续生产加工，所以要求不高。

（4）以仓储作业高效性、满足新型流通业态发展需要的系统，解决仓储物流运作效率，实现仓储配送结合的目的。

某 WMS 仓储统配管理系统实现统一仓储、统一配送。仓储的主要功能是为客户提供空间存储服务，该系统在仓库存储功能的基础上叠加车辆的配送服务，通过建设高效、安全、透明、经济、便捷的仓储配送体系,提高物流运作效率,实现降本增效。

仓库管理模块主要分为以下几个部分。

(1) 产品入库:当产品采购入库或者以其他方式入库时,系统自动生成入库单号,即可区分正常入库、退货入库等不同的入库方式。

(2) 产品出库:当产品销售出库或者以其他方式出库时,系统自动生成出库单号,即可区分正常出库、赠品出库等不同的出库方式。

(3) 库存管理:不需要手工管理,当入库和出库时,系统自动生成每类产品的库存数量,方便查询。

(4) 特殊品库:当客户需要区分产品时,可以建立虚拟仓库管理需要区分的产品,各功能和正常品库一致。

(5) 调拨管理:不同的仓库之间需要调拨货品,可以自动生成调拨单号,支持货品在不同的仓库之间进行任意调拨。

(6) 盘点管理:用户随时可以盘点仓库,自动生成盘点单据,使盘点工作方便快捷。

(7) 库存上限报警:当库存数量不满足设定值时,系统会报警。

4. 巷道码垛机

在自动化立体仓库中,码垛机是整个自动化立体仓库的核心设备,起到了非常重要的作用,也是系统中最为忙碌的装置,其工作效率决定了立体仓库的工作效率。同时,码垛机的承载能力和稳定性也是自动立体仓库设计时要重点考虑的内容。

巷道码垛机又可称为直角坐标机器人,如图 4-11 所示,通过手动操作、半自动操作或全自动操作,实现把货物从一处搬运到另一处。它由机架(上横梁、下横梁、立柱)、水平行走机构、提升机构、载货台、货叉及电气控制系统构成。巷道码垛机形式多种多样,包括单轨和双轨巷道码垛机、转巷道码垛机、单立柱和双立柱码垛机等。根据仓库的流量要求,计算出码垛机的水平速度、提升速度及货叉速度。根据仓库现场情况及用户需求选定码垛机的定位方式和通信方式等。

图 4-11 巷道码垛机

三轴堆垛系统中 X 行走轴使用齿轮齿条及伺服电动机配精密减速机传动,精密线轨滑块做导向,3 个高灵敏度传感器做原点及极限位置感应。提升 Z 轴以欧标型材做结构支撑,两端布置同步轮,使用同步轮-同步带及伺服电动机配精密减速机传动,精密线轨滑块做导向,3 个高灵敏度传感器做原点及极限位置感应;叉取轴 Y 轴使用伺服电动机驱动,齿轮齿条做传动,使用凸轮滚子做支撑导向,采用刚性倍行程叉取机构,保证取料平稳,3 个高灵敏度传感器做原点及极限位置感应。

巷道码垛机实现 X、Y、Z 三个方向的运动,其中,X 轴方向为水平方向的运动,完成立体仓库的列选择;Z 轴方向为竖直方向的运动,完成立体仓库的行选择;Y 轴方向为垂直库位运动,完成料盘的取送。料盘的出入库由三个方向的伺服电动机运动来实现,由于伺服电动机的定位精度高,在每个库位的定位中不需要再采用条形码或其他形式的辅助定位方式。采用接近传感器检测库位有无物料盘,防止料盘出现碰撞。

巷道码垛机的日常维护措施包括检测传动机构是否有异物、定期润滑、经常检测库位传感器的灵敏性和可靠性。

5. 基于视觉系统的进料运输线

自动化立体仓库要实现 U 盘原材料入库需求。立体仓库采用的是双列排布，有 60 个库位，每个库位随机存放原料，库位信息由 WMS 系统管理。物料采用单元货格式，原材料通过人工码放到随动料盘中。U 盘智能产线增加了机器视觉系统保障上料的准确性。

进料系统由上料入库输送线、机器视觉系统、人机交互系统、工控机和控制系统组成。上料入库输送线由交流电动机、传送带和支撑构件组成。交流电动机配减速器，其输出轴接到传送带主动轮上，借助摩擦力带动载具运行，到达巷道码垛机上料口处。在上料口处有一个气缸，用于准确定位，便于视觉系统检测。

机器视觉系统就是利用机器代替人眼做各种测量和判断。它是计算机学科的一个重要分支，综合了光学、机械、电子、计算机软硬件等方面的技术，涉及计算机、图像处理、模式识别、人工智能、信号处理、机电一体化等多个领域。图像处理和模式识别等技术的快速发展大大地推动了机器视觉的发展。机器视觉系统的特点是提高生产的柔性和自动化程度。在一些不适合于人工作业的危险工作环境或人工视觉难以满足要求的场合，常用机器视觉来替代人工视觉；同时在大批量工业生产过程中，用人工视觉检查产品质量效率低且精度不高，用机器视觉检测方法可以大大提高生产效率和生产的自动化程度。而且机器视觉易于实现信息集成，是实现计算机集成制造的基础技术，可在产线连续运行的基础上对产品进行测量、引导、检测和识别，并能保质保量地完成生产任务，如图 4-12 所示。

机器视觉系统一般包括图像采集、图像分析处理、信息输出三部分，主要由光源、镜头、控制与处理单元组成。光源是影响机器视觉系统输入的重要因素，直接影响图像输入数据的质量和应用效果。按照照射方法分为背向照明、前向照明、结构光和频闪光等。镜头参数主要有焦距、目标高度、放大倍数、物距等。控制与处理单元可分为智能一体机和工控机两种形式。常见的基于工控机的机器视觉系统基本组成如图 4-13 所示。

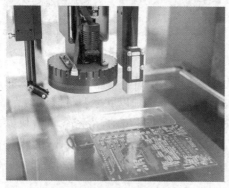

图 4-12 机器视觉应用

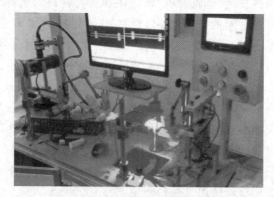

图 4-13 机器视觉系统基本组成

人机交互系统采用西门子 TP500 触摸屏，在可编程控制器编程软件中设计操作界面，与立体仓库控制系统建立通信连接，在系统运行中实现人机交互及立体仓库系统的运行状态显示、参数显示及设定等。采用触摸屏式的人机交互系统，其优势在于可以根据需要随机修改操作界面和按钮，相对于物理按钮来讲，后续的系统维护与升级较为方便，缺点是前期开发设计难度大。

上料工序流程如下。

(1) 通过人机交互系统,选择要补充的物料,立体仓库中会将相应的料盘取出放到进料传送带上。

(2) 待此端口的传感器检测料盘到位后,传送带电动机工作,将料盘送至上料口,此处也有物料传感器,当检测到料盘达到上料位置后,气缸推出固定料盘,工作人员完成物料的码放。

(3) 单击一侧的绿色按钮,气缸回缩,传送带反方向运行,将料盘运送至视觉检测区域,该区域的气缸工作将料盘固定,触发视觉系统工作,核对料盘中的物料数量和种类等信息的准确性。

(4) 信息无误后,气缸回缩,料盘被传送到立体仓库端口,在料盘被传感器检测到位后,触发巷道码垛机运动指令。

(5) 巷道码垛机将补充好原材料的料盘放置到空库位,将料盘的库位信息、料盘内的物料种类和数量信息传到 WMS 系统中,上料完成。

多条自动运输线,其专业输送设备包括辊子、链式、皮带式、无动力式、可移动型输送系统,可适用于电子、家电、食品、化学、物流中心的产品输送和分配。在不同的物流规划中,用户可以根据工艺布局,选用不同类型的辊子或链式输送机,并应用各种辅助装置,使物料完成连续输送、积存、翻转、分贫、合流、提升等,还可配以程序控制系统和中央管理系统,组成一套完整的自动化输送系统,如图 4-14 所示。

随着经济和生产的发展,流通趋于多品种、小批量,因此各物流配送中心配送货品的种类和数量将急剧增加,货物分拣任务十分艰苦,分拣作业已成为一个重要的工作环节。显然,随着分拣量的增加、分拣点的增/配货响应时间的缩短和服务质量的提高,依靠普通的分拣方法,如传票拣选等,将无法满足大规模配货配送的要求。针对市场的需求,开发一种具有缓冲能力,可直接和上、下游产线对接,大幅提高拣货速度、降低拣货错误率的堆积滚筒输送线电子标签辅助拣选系统非常紧迫。

数据化拣货系统是一种计算机辅助的无纸化拣货系统,其原理是借助安装于货架上每一个货位的电子标签取代拣货单,利用计算机的控制将订单信息传输到电子标签中,引导拣货人员正确、快速、轻松完成拣货工作。计算机监控整个过程,并自动完成账目处理,RFID 数字化传送带如图 4-15 所示。

图 4-14 自动化输送系统

图 4-15 RFID 数字化传送带

U盘智能产线的原材料有很多,例如锁螺钉式U盘外壳、U盘帽、U盘内芯Ⅰ型、包装外盒、内嵌、精品内嵌;卡扣式U盘的外壳、U盘内芯Ⅱ型、包装外盒、内嵌、精品内嵌等。两种U盘的尺寸大小略有不同。为有效解决不同类型U盘个性化定制生产效率问题,自动仓储系统采用三线排程自动运输线,按照确定的工艺流程,依次完成原材料出库、物料配盘工作。这三线排程自动运输线与上料传送带结构类似,由小功率交流电动机驱动传送带正反向运转,实现料盘的出库和入库。在每条运输线的两侧配有物料传感器,在工序交替处配有定位气缸,为工业机器人重复抓取U盘原材料提供精准定位,同时为做到每个产品的物料溯源,料盘处安装有西门子品牌的电子标签,如图4-16所示。

图4-16　西门子品牌的电子标签

6. 立体仓储系统控制单元

立体仓储物流系统是一个复杂的自动化控制系统,包含多个伺服电动机、交流电动机、气缸、人机交互系统和检测库位有无料的传感器。西门子1200系列可编程控制器能够顺利、准确、可靠地完成原材料的进出库,同时还可进行物料统计,该控制器具有逻辑运动、数据存储与处理等功能,满足多种通信协议,具有强大的指令集,带有集成PROFINET接口、集成以太网接口,如图4-17所示。

立体仓储系统的控制单元集中在控制柜中,里面设有电源模块、控制模块、电气模块,且诸多电源线、信号线在此交会。电源线和信号线的两端都标有线标,线标的排布要符合电气规范,电源线和信号线都排布在线槽内,电气接线图如图4-18所示。

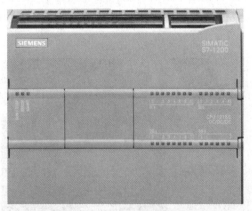

图4-17　西门子1200系列可编程控制器

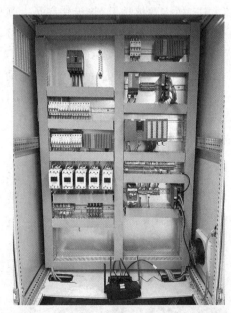

图4-18　电气接线图

电气接线之前,要进行电气回路设计。做好电气元件布局图、电气接线图设计,为后续的接线和排故提供技术资料。常见的电气故障主要为电气元件老化和电气回路有短路或断路,需要使用万用表、电笔测量,确定故障点。

4.1.2 机器人上下料的数控加工系统

1. 工业机器人

数字孪生 U 盘智能产线机加工单元主要由一台立式加工中心及一台六轴机器人组成。固定 U 盘底座的原材料工件外形尺寸相同,不同 U 盘产品加工不同槽口尺寸,实现定制化功能需求。输送流水线将 U 盘载具输送到机械手抓取范围内的固定位置,并精准定位载具。利用机器人对数控机床进行上下料,数控机床根据订单系统下发信息进行个性化定制加工,六轴机械手使用气动夹爪完成送料和取料。

工业机器人能自动执行工作,它是靠自身动力和控制能力实现各种功能的一种机器,是在机械手的基础上发展起来的。工业机器人将人类从繁重单一的劳动中解放出来,它还能够从事一些不适合人类甚至超越人类的劳动,实现生产的自动化,避免工伤事故和提高生产效率。工业机器人已广泛地应用于电力、新能源、汽车、制造、食品饮料、医药制造、钢铁、铁路、航空航天等众多领域。

工业机器人系统由三大部分、六个子系统组成。三大部分是机械本体、控制柜和示教器。六个子系统是驱动系统、机械结构系统、感受系统、机器人-环境交互系统、人机交互系统和控制系统。

1)机械本体

六轴机器人本体如图 4-19 所示,其各轴关节可以绕轴线旋转。

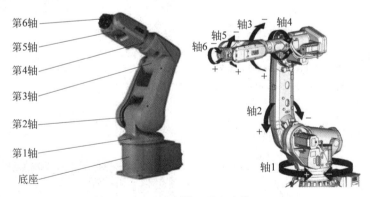

图 4-19 六轴机器人本体

2)控制柜

机器人控制柜如图 4-20 所示,控制柜内有主计算机、控制单元主板、I/O 板、电源板、轴计算机、六轴驱动器等,控制柜上还有一些柜体电源电缆、示教器电缆、机器人本体与控制柜间功率电缆和通信电缆等。

3)示教器

示教器是进行机器人的手动操纵、程序编写、参数配置以及监控用的手持装置。ABB 机器人示教器称为 Flexpendant 设备(有时也称为 TPU 或教导器单元),用于处理与机器人

图 4-20 ABB-IRC5 控制柜

系统操作相关的许多功能，如运行程序、微动控制操纵器、修改机器人程序等。ABB 机器人示教器如图 4-21 所示。

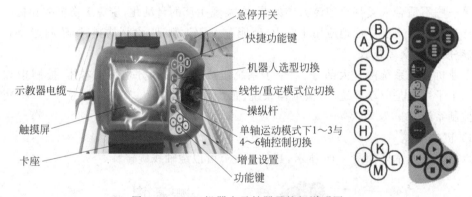

图 4-21 ABB 机器人示教器及按钮说明图

Ⓐ~Ⓓ—预设按键；Ⓔ—选择机械单元；Ⓕ—切换运动模式，重定位或线性；Ⓖ—切换运动模式，轴 1~3 或轴 4~6；Ⓗ—切换增量；Ⓘ—Step BACKWARD(步退)按钮，使程序后退一步的指令；Ⓚ—START(启动)按钮，开始执行程序；Ⓛ—Step FORWARD(步进)按钮，使程序前进一步的指令；Ⓜ—STOP(停止)按钮，停止程序执行

示教器手持方法如图 4-22 所示。

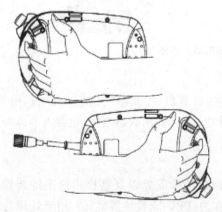

图 4-22 示教器手持方法

ABB 机器人的线性运动是指安装在机器人第 6 轴法兰盘上的工具在空间中做线性运动,如图 4-23 所示。

如果对使用操纵杆通过位移幅度来控制机器人运动的速度不熟练,则可以使用增量模式来控制机器人运动。在增量模式下,操纵杆每位移一次,机器人就移动一步。如果操纵杆持续一秒或数秒钟状态不动,机器人就会持续移动(速率为每秒 10 步)。

保持机器人的重定位运动是指机器人第六轴法兰盘上的工具 TCP 点在空间中绕着工具坐标系做旋转运动,也可理解为机器人绕着工具 TCP 点做姿态调整的运动,如图 4-24 所示。

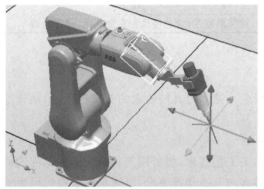 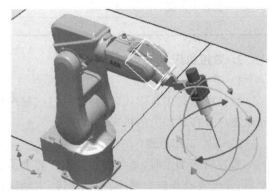

图 4-23 机器人的线性运动　　　　图 4-24 机器人的重定位运动

ABB 机器人 6 个关节轴都有一个机械原点的位置,如图 4-25 所示。

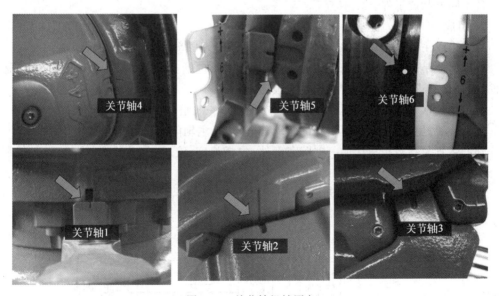

图 4-25 关节轴机械原点

在以下情况需要对机械原点的位置进行转数计数器更新操作:更换伺服电动机转数计数器电池后;当转数计数器发生故障修复后;转数计数器与测量板之间断开过以后;断电后,机器人关节轴发生了移动;当系统报警提示"10036 转数计数器未更新"时。

本工站所用六轴机械手型号为 ABB:IRB 1600-10-1.2,其参数如表 4-1 所示。

表 4-1 六轴机械手参数

名　　称	参　　数
自由度	6 轴
工作半径	不小于 1200mm
重复定位精度 & 末端移动速度	≤±0.02mm,不小于 1m/s
负载	不小于 10kg
电源电压	200～600V,50～60Hz
功耗	0.58kW
机器人底座尺寸	484mm×648mm
机器人重量	250kg
安全性	双回路监控、紧急停机和安全功能、使能按键

2. 数控机床

1) 定义

数控机床是用数字代码形式的信息(程序指令),控制刀具按给定的工作程序、运动速度和轨迹进行自动加工的机床。

2) 基本工作原理

数控机床加工时,是根据工件图样要求及加工工艺过程,将所用刀具及机床各部件的移动量、速度及动作先后顺序、主轴转速、主轴旋转方向及冷却等要求,以规定的数控代码形式编写程序单,并输入机床专用计算机中。然后,数控系统根据输入的指令,进行编译、运算和逻辑处理后,输出各种信号和指令,控制机床各部分进行规定的位移和有顺序的动作,加工出各种不同形状的工件。

3) 组成

数控机床主要由机床本体、数控系统(CNC 装置)、驱动装置、辅助装置组成。

机床本体是数控机床加工运动的机械部分,主要包括支承部件(床身、立柱等)、主运动部件(主轴箱)、进给运动部件(工作台滑板、刀架)等。

数控系统(CNC 装置)是数控机床的控制核心,一般是一台专用的计算机。

驱动装置是数控机床执行机构的驱动部分,包括主轴电动机、进给伺服电动机等。

辅助装置是指数控机床的一些配套部件,包括刀库、液压、气动装置、冷却系统、排屑装置、夹具、换刀机械手等。

4) 机床数控系统基本工作流程

机床数控系统的基本工作流程如图 4-26 所示。

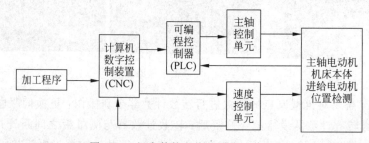

图 4-26 机床数控系统的基本工作流程

数控系统的工作过程是对输入的零件加工程序、控制参数、补偿数据等进行识别和译码,并执行所需要的逻辑运算,发出相应的指令脉冲,控制机床的驱动装置,操作机床实现预期的加工功能。

其中,主轴控制单元主要控制机床主轴的旋转运动。速度控制单元主要控制机床各坐标轴的切削进给运动。可编程逻辑控制器(PLC)是一种专为在工业环境下应用而设计的数字运算操作电子系统。PLC处于计算机控制装置与机床之间,对计算机控制装置和机床的输入/输出信号进行处理,实现辅助功能M、主轴转速S及刀具功能T的控制和译码,即按照预先规定的逻辑顺序对主轴的启停、转向、转速、刀具更换、工件夹紧松开、液压、冷却、润滑、气动等系统进行控制。

5) 数控系统的基本功能

(1) 输入功能。即指零件加工程序和各种参数的输入功能。

(2) 插补功能。在加工零件的实际轮廓或轨迹的已知点之间确定一些中间点的方法。通常在给定直线或圆弧的起点与终点之间进行密化。

(3) 伺服控制。将计算机送出的位置进给脉冲或进给速度指令经变换和放大后转化为伺服电动机(步进电动机或直/交流电动机)的转动,从而带动机床工作台移动。

6) 数控机床加工的特点

(1) 适应性强。灵活、通用、万能,可加工不同形状的工件,能完成钻、镗、锪、铰、铣削、车削、攻螺纹等加工。

(2) 精度高。目前数控装置的脉冲当量(每输出一个脉冲后滑板的移动量称为脉冲当量)一般为0.001mm,高精度的数控系统可达0.0001mm。而切削进给传动链的反向间隙与丝杠螺距误差等均可由数控装置进行补偿,因此,数控机床能达到比较高的加工精度,一般可达0.005~0.1mm。对于中、小型数控机床,定位精度普遍可达到0.03mm,重复定位精度为0.01mm。数控机床的自动加工方式可避免人工操作误差,保证工件加工的质量稳定,更重要的是可进行复杂曲面的加工。

(3) 效率高。与普通机床相比,可提高3~5倍的生产效率。对于复杂成型面的加工,生产效率可提高十倍,甚至几十倍。

(4) 减轻劳动强度、改善劳动条件。利用数控机床进行加工,只需按图样要求编制加工程序,然后输入并调试程序,安装坯件进行加工,观察监视加工过程并装卸零件。除此之外,不需要进行繁重的重复性手工操作,劳动强度与紧张程度可大为减轻,劳动条件也相应得到改善。

7) 数控机床的应用范围

数控机床是一种高度自动化的机床,有一般普通机床所不具备的许多优点,所以数控机床的应用范围在不断扩大,但数控机床的技术含量高,成本高,使用维修都有一定难度,若从经济的方面考虑,数控机床适用于加工以下零件。

(1) 多品种小批量零件。

(2) 结构较复杂、精度要求较高或必须用数学方法确定的复杂曲线、曲面等零件。

(3) 需要频繁改型的零件。

(4) 钻、镗、铰、锪、攻丝及铣削工序联合进行的零件,如箱体、壳体等。

(5) 价格昂贵,不允许报废的零件。

(6) 要求百分之百检验的零件。

(7) 需要最短生产周期的急需零件。

按加工方式,数控机床分为以下几种。

(1) 金属切削类:如数控车、钻、镗、铣、磨、加工中心等。

(2) 金属成型类:如数控折弯机、弯管机、四转头压力机等。

(3) 特殊加工类:如数控线切割机、激光切割机等。

(4) 其他类:如数控火焰切割机、三坐标测量机等。

按控制坐标轴数,数控机床分为以下几种。

(1) 两坐标数控机床也就是经济型数控机床:两轴联动,用于加工各种曲线轮廓的回转体,如数控车床。

(2) 三坐标数控机床:三轴联动,多用于加工曲面零件,如数控铣床、数控磨床。

(3) 多坐标数控机床:四轴或五轴联动,多用于加工形状复杂的零件。

按驱动系统的控制方式,数控机床分为以下几种。

(1) 开环控制数控机床。这类机床不带位置检测反馈装置,通常使用功率补进电动机或电液脉冲马达作为执行机构,数控装置输出的脉冲通过环形分配器和驱动电路,使步进电动机转过相应的步距角,再经过减速齿轮带动丝杠旋转,最后转换为移动部件的直线位移。其反应快,调试方便,比较稳定,维修简单。但系统对移动部件的误差没有补偿和校正,步进电动机的步距误差、齿轮与丝杠等的传动链误差都将反映到被加工零件的精度中去,所以精度相对较低。

(2) 闭环控制数控机床。这类机床带有检测反馈装置,位置检测传感器安装在机床运动部件上,加工中将监测到的实际运行位置值反馈到数控装置中,与输入的指令位置相比较,用差值对移动部件进行控制,其精度高。

从理论上说,闭环系统的控制精度主要取决于检测装置的精度,但这并不意味着可以降低机床的结构与传动链的要求,传动系统的刚性不足及间隙、导轨的爬行等各种因素将增加调试的困难,严重时会使闭环控制系统的品质下降甚至引起振荡。故闭环系统的设计和调整都有较大的难度,此类机床主要用于一些精度要求较高的镗铣床、超精车床和加工中心等。

(3) 半闭环控制数控机床。与闭环控制数控机床不同的是,半闭环控制数控机床的检测元件安装在电动机的端头或丝杠的端头。该系统不是直接测量工作台的位移量,而是通过检测丝杠或电动机轴上的转角间接地测量工作台的位移量,然后反馈给数控装置。半闭环控制系统的实际控制量是丝杠的转动,由丝杠的转动变换为工作台的移动,不受闭环的控制,这部分的精度由丝杠-螺母(齿轮)副的传动精度来保证。半闭环控制数控机床的特点是比较稳定,调试方便,精度介于开、闭环控制数控机床之间,被广泛采用。

U盘智能产线所用数控机床SI-VMC855立式加工中心如图4-27所示。

立式加工中心是SI-VMC855专为零件加工行业推出的高速加工中心机床。在满足高速钻攻要求的同时还能满足高速铣削加工要求,特别适合于IT和汽车零件的加工行业。该机床刚性好,结构对称,动态响应快,精度高,稳定性好,操作方便灵活,可进行立铣、钻、扩、镗、攻丝等加工工序,用途广泛。本加工中心进给轴由X、Y、Z三坐标轴控制,主轴由伺服电动机动力驱动,能够实现对各种盘类、板类、壳体、凸轮、模具等复杂零件一次装夹,完成钻、铣、镗、扩、铰、攻丝等多种工序加工,适合于加工各种中等规格的工件,也适合于加工各种形状的复杂型腔和表面,特别是加工具有三维形状的零件尤其方便。

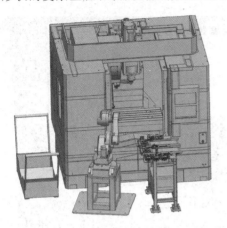

图 4-27　SI-VMC855 立式加工中心

数控加工中心的结构特点如下。

（1）机床床身采用典型的箱体式框架结构形式。立柱采用"人字形"框架结构,主轴箱设计成对称形式,并安装在立柱中央,因此立柱不承受水平面内的偏心力,扭转变形很小,热变形也减小,容易实现高精度。

（2）床身、立柱、工作台等基础部件采用 HT250 以上高质量铸铁,并经二次处理。

（3）床身、床鞍采用油水分离设计,减少切屑液污染,床鞍电动机座为整体式,有效提高了机床精度保持性。

（4）全封闭安全防护系统,外形美观、整洁,采用线轨导向。

（5）X、Y、Z 三轴均由伺服电动机通过联轴器与滚珠丝杠直联,Z 轴伺服电动机带有自动抱闸功能,三轴均具有过载保护。

（6）X、Y 轴均采用直线滚珠导轨,导轨和丝杠配备不锈钢防护罩;Z 轴采用优质硬轨结构,并经刮研处理。

（7）电气柜密封、防尘,安装热交换器。

（8）滑动表面、滚珠丝杆及轴承实现定时定量自动润滑,润滑泵有液位检测报警功能。

（9）切削区具有水冷和气冷装置,可通过 M 代码或控制面板控制,配置清洁气枪。

（10）配有高刚性链板式排屑器,并具有过载保护装置,配备积屑小推车。

U盘智能产线中的数控加工中心选用西门子系统,主要技术参数如下。

（1）数控系统:西门子 828D。

（2）控制轴数:4 轴联动。

（3）主轴转速(无级):50～10000r/min。

（4）工作台面 ≥950mm×500mm；工作台最大荷重 ≤800kg。

（5）T 形槽:18mm×5mm×100mm(数目×尺寸×间距)。

（6）X 轴行程:≤820mm;Y 轴行程:≤520mm;Z 轴行程:≤505mm。

（7）伺服主轴电动机功率:≤10.8kW;主轴最高转速:≤10000r/min。

3. 数控机床基本操作

（1）机床后面开关旋钮切换至 ON 状态,如图 4-28 所示。

(2) 等待系统加载完成,启动完成后进入主页面,如图 4-29 所示。

图 4-28 机床开关旋钮

图 4-29 机床开机加载画面

(3) 抬起"急停"按钮,按下"复位"按钮,直至复位完成,切换为自动模式。

(4) 按下程序数字键。

(5) 确认无故障后,按下 SPINDLE START 和 FEED START 按钮,机床进入待生产状态。

4. 数控加工系统日常维护

必须坚持设备使用上的定人、定机、定岗制度;开展岗位培训,严禁无证操作;严格执行设备点检和定期、定级保养制度;对维修者实行派工卡,认真做好故障现象、原因、维修的记录,建立完整的维修档案。

按有关文件的规定,对设备进行定点、定时的检查和维护,点检的内容包括定点、定标、定期、定项、定人、定法、检查、记录、处理、分析等,主要分为日常点检和专职点检。

日常点检:对机床一般部件的点检,处理和检查机床在运行过程中出现的故障,由机床操作人员进行。

专职点检:对机床关键部位和重要部件按周期进行重点点检和设备状态监测与故障诊断,制订点检计划,做好诊断记录,分析维修结果,提出改善设备维护管理的建议,由专职维修人员进行。

加工中心的维护点检,按照维护周期可分为每半年、每年、不定期等,具体内容如表 4-2 和表 4-3 所示。

表 4-2 加工中心的维护点检

维护周期	内 容
每半年	滚珠丝杠:清洗旧润滑脂,涂上新油脂
	液压油路:清洗溢流阀、减压阀、滤油器及油箱箱底;更换或过滤液压油
每年	检查并更换直流伺服电动机碳刷
	检查换向器表面,吹净碳粉,去毛刺;更换长度过短的电刷,跑合后使用
	润滑液压泵,清理池底,更换滤油器

续表

维护周期	内 容
不定期	检查各轴轨道上镶条、压紧滚轮的松紧状态,按机床说明书进行调整
	冷却水箱:检查液面高度;太脏须更换;清理水箱底部;经常清洗过滤器
	排屑器:经常清理铁屑;检查有无卡住
	清理废油池:及时取油池中废油,以免外溢
	调整主轴驱动带的松紧,按机床说明书进行调整

表 4-3 维护内容

维护类型	内 容
数控系统	严格遵守操作规程和日常维护制度
	应尽量少开数控柜门和强电柜门
	定时清扫数控柜散热通风系统
	数控系统输入/输出装置的定期维护
	定期检查和更换电动机电刷
	经常监视数控系统的电网电压
	定期更换存储器用电池,电池的更换应在数控系统供电的状态下进行,以免参数丢失
	数控系统长期不用时,要经常通电,对于直流电动机应将电刷取出,以免腐蚀换向器
	机械部件的维护
主传动链	对于带传动的主传动,定期调整带的松紧,防止打滑造成的丢转
	检查主轴箱温度,检查主轴润滑恒温箱,防止杂质进入,每年更换一次润滑油,并清洗过滤器
	经常检查压缩空气气压,保持主轴与刀柄连接部位的清洁
	刀具拉紧装置长时间使用后会产生间隙,需调整液压缸活塞的位移量
滚珠丝杠螺母副	定期检查、调整丝杠螺母副的轴向间隙
	检查丝杠支承与床身的连接是否松动
	采用润滑脂润滑的滚珠丝杠,每半年清洗丝杠上的旧润滑脂,换上新的润滑脂;用润滑油润滑的滚珠丝杠,每次机床工作前加油一次
	丝杠防护装置有损坏要及时更换
刀库及换刀机械手	手动装刀时要确保装到位,装牢固
	严禁超重、超长刀具装入刀库
	采用顺序选刀方式的,注意刀库上刀具的顺序
	注意保持刀柄和刀套的清洁
	开机后,先空运行检查机械手和刀库是否正常
液压系统	定期对油箱内的油进行检查、过滤、更换
	检查冷却器和加热器的工作性能,控制油温
	定期检查更换密封件,防止液压系统泄漏
	定期检查清洗或更换液压件、滤芯,定期检查清洗油箱和管路
	严格执行日常点检制度,检查系统泄漏、噪声、振动、压力、温度等是否正常
气动系统	选用合适的过滤器,清除压缩空气中的杂质和水分
	检查系统中油雾器的供油量,保证空气中有适量的润滑油来润滑气动元件,防止生锈、磨损造成空气泄漏和元件动作失灵
	定期检查更换密封件
	注意调节工作压力
	定期检查清洗或更换气动元件、滤芯
	遇到操作失误或机床故障造成撞车、机床动态精度发生变化等情况,必须进行机床精度的检查

4.1.3 装配工作站

1. 基本组成

1) 锁螺钉式 U 盘装配工作站

使用六轴工业机器人对锁螺钉式 U 盘完成零件自动装配,然后通过锁螺钉机构完成锁螺钉动作,如图 4-30 所示。

锁螺钉式 U 盘装配工作站

图 4-30 锁螺钉式 U 盘装配工作站

(1) 工作站机架

工作站机架采用高强度工业铝型材框架搭建而成。机架分为上下两层,机架下层作为电控柜,布置电气元件。封板一侧按需预留端口及其他电气接口,另一侧安装气源处理单元,气源处理单元安装在机架下层外侧。机架上层布置机械部件,台面上各元器件气管及其他控制线通过型材内部空间走线,接入对应的机台电气控制柜;机架正面左上角安装三色灯塔,右侧安装触摸屏悬臂,内部走线接入控制箱。机架带脚轮及固定垫块,便于移动和固定。

(2) 锁螺钉式 U 盘装配工作站的输送线

锁螺钉式 U 盘装配工作站的输送线包含输送机支撑件及载具的挡停机构、载具顶升定位机构。双列皮带式输送机流水线宽度与对应机构配套,使用变频调速电动机。锁螺钉式 U 盘组装工作站组装操作的具体流程如下:载具由 AGV 小车送达,进料挡停气缸伸出,到机器人组装工位,RFID 读取载具信息,顶升气缸伸出,机器人开始组装。组装完成后,RFID 信息写入,顶升气缸缩回,挡停气缸伸出,对载具放行。载具到达螺钉枪模块,RFID 读取载具信息,顶升气缸伸出,升降气缸伸出,压入气缸伸出,螺钉枪启动,锁螺钉完成,RFID 信息写入,加工信息传输至 MES 系统。顶升气缸缩回,挡停气缸伸出,对载具放行,载具到达出料挡停气缸处,呼叫 AGV 小车接料。

(3) 装配工业机器人

① 自由度:6 轴。

② 工作半径：≥580mm。
③ 重复定位精度：≤±0.01mm，末端移动速度：≥1000mm/s。
④ 负载：≥3kg。
⑤ 电源电压：200～600V，50～60Hz。
⑥ 功耗：0.25kW。
⑦ 机器人底座尺寸：180mm×180mm。
⑧ 机器人重量：25kg。
⑨ 通信协议：PROFINET。
⑩ 轴运动工作范围最大速度：轴1旋转+165°～-165°，250°/s；轴2手臂+110°～-110°，250°/s；轴3手臂+70°～-90°，250°/s；轴4手腕+160°～-160°，320°/s；轴5弯曲+120°～-120°，320°/s；轴6翻转+400°～-400°，420°/s。

工业机器人末端执行器为定制的一套气动夹爪，用于检测过程中产品的搬运。

（4）阀岛

一套带终端的MPA-S通信阀岛通过现场总线与上位控制器通信，如图4-31所示。阀岛具备的系统性能如下：①通过总线接口诊断；②欠压监控；③诊断全局LED；④现场总线状态；⑤状态和诊断LED，用于模块和I/O通道；⑥模块和通道级诊断；⑦针对阀的诊断，用于模块和磁线圈；⑧预装配，用于气口1、3、5的外部压力；⑨总线节点和所有I/O模块上有多种LED，便于快速排除故障。

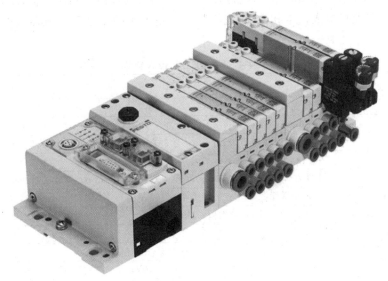

图4-31 阀岛示意图

阀岛的主要技术参数如下。
① 1个控制模块、1个总线节点、最大支持9个I/O模块或模拟量模块、1个气动接口。
② 最大地址容量输入64位、输出64位、内部周期时间小于1ms、配置支持针对现场的总线。
③ 调试支持输入和输出强制防护等级，符合EN 60529 IP65、IP67的规定，额定工作电压为24V DC、工作电压范围为18～30V DC。

④ 工作压力：0.09~1MPa。

2）卡扣式U盘装配工作站

卡扣式U盘装配工作站功能：使用四轴水平多关节机器人对卡扣式U盘完成零件自动装配，如图4-32所示。

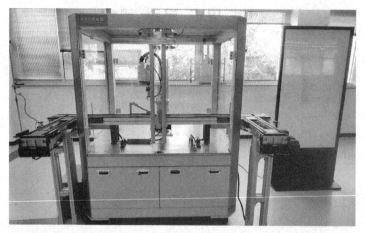

图4-32 卡扣式U盘装配工作站

卡扣式U盘装配工作站

（1）工作站组成

卡扣式U盘装配工作站组成与螺钉式的工作机架、物料输送系统类似，不再赘述，主要区别在于装配工业机器人。卡扣式U盘组装工作站采用的四轴工业机器人的详细参数如表4-4所示。

表4-4 四轴工业机器人参数

参　　数	说　　明
安装方式	台面安装
臂长	400mm
最大运动速度	第1~2关节 6000mm/s；第3关节 1100mm/s；第4关节 2600°/s
本体重量	14kg
重复定位精度	第1~2关节±0.01mm；第3关节±0.01mm；第4关节±0.01°
最大运动范围	第1关节±132°；第2关节±141°；第3关节 150mm；第4关节±360°
负载	额定值：1kg；最大值：3kg
标准循环时间	0.45s
第四关节容许惯性力矩	额定值：0.005kg·m^2；最大值：0.05kg·m^2
电动机功耗	第1关节：200W；第2关节：100W；第3关节：100W；第4关节：100W
第3关节顶压力	100N
原点复位	无须原点复位
用户电路	15针（D-Sub模拟接口）
用户气路	ϕ4mm×1，ϕ6mm×2
安装环境	标准型
使用控制器	RC90
安全标准	CE，KC，ANSI/RIA R15.06-2012，NFPA79（2007版）
通信方式	PROFINET通信

载具由 AGV 小车送达，进料挡停气缸伸出，到达机器人模块，RFID 读取载具信息，顶升气缸伸出，四轴水平多关节机器人开始组装。组装完成后，RFID 信息写入，顶升气缸缩回，挡停气缸伸出，对载具放行，载具到达出料挡停气缸处，呼叫 AGV 接料。

(2) 四轴机器人

四轴机器人是工业机器人的一种，即四轴机器人的手臂部分可以在一个几何平面内自由移动，如图 4-33 所示。其外形紧凑、体积小、重量轻，每个关节的运动均由一台伺服电动机和一台高精度谐波减速机共同实现，每个直线轴均由伺服电动机和精密丝杠共同实现，同时配以电气控制柜和示教器(盒)。

四轴机器人的前两个关节可以在水平面上左右自由旋转。第三个关节由一个金属杆和夹持器组成。该金属杆可以在垂直平面内向上和向下移动或围绕其垂直轴旋转，但不能倾斜。

卡扣式 U 盘装配工站与锁螺钉式 U 盘装配工站日常维护的内容类似，在此不再详细展开。

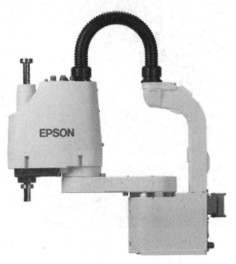

图 4-33　EPSON 四轴工业机器人

2. 工作站传感器认知

传感器是一种检测装置，能感受到被测量的信息，并能将感受到的信息按一定规律变换成为电信号或其他所需形式的信息输出，以满足信息的传输、处理、存储、显示、记录和控制等要求。U 盘组装工作站主要运用了光电开关及 RFID 技术。

1) 光电开关

光电开关是光电接近开关的简称，它是利用被检测物对光束的遮挡或反射，由同步回路接通电路，从而检测物体的有无，如图 4-34 所示。物体不限于金属，所有能反射光线(或者对光线有遮挡作用)的物体均可以被检测。光电开关将输入电流在发射器上转换为光信号射出，接收器再根据接收到的光线的强弱或有无，对目标物体进行探测。光电开关按检测方式，可分为漫射式光电开关、对射式光电开关、镜面反射式光电开关、槽式光电开关和光纤式光电开关。

图 4-34　工作站上的光电开关

2) RFID 技术

RFID 技术即射频识别技术,如图 4-35 所示。它是一种自动识别技术,通过无线射频方式进行非接触双向数据通信,利用无线射频方式对记录媒体(电子标签或射频卡)进行读写,从而实现识别目标和数据交换的目的,被认为是 21 世纪最具发展潜力的信息技术之一。

一套完整的 RFID 系统由阅读器(Reader)、电子标签(Tag)和数据管理系统三部分组成。阅读器是将电子标签中的信息读出,或将电子标签所需要存储的信息写入标签的装置。根据使用结构和技术不同,阅读器可以是读/写装置,也可以是 RFID 系统的信息控制和处理中心。在 RFID 系统工作时,由阅读器在一个区域内发送射频能量形成电磁场,区域的大小取决于发射功率。在阅读器覆盖区域内的标签被触发,发送存储在其中的数据,或根据阅读器的指令修改存储在其中的数据,并通过接口与计算机进行通信。阅读器的基本构成通常为收发天线、频率产生器、锁相环、调制电路、微处理器、存储器、解调电路和外设接口。

图 4-35 RFID 传感器

射频识别技术按其标签的供电方式可分为三类,即无源 RFID、有源 RFID 和半有源 RFID。其中,无源 RFID 出现时间最早,技术最成熟,其应用也最广泛。在无源 RFID 中,电子标签通过接收射频识别阅读器传输来的微波信号,以及通过电磁感应线圈获取能量对自身短暂供电,从而完成信息交换。因为省去了供电系统,所以无源 RFID 产品的体积可以达到厘米量级甚至更小,而且自身结构简单、成本低、故障率低、使用寿命较长。无源 RFID 的有效识别距离通常较短,一般用于近距离的接触式识别,主要工作在较低频段,其典型应用包括公交卡、二代身份证、食堂餐卡等。

有源 RFID 兴起的时间不长,但已在各个领域,尤其是在高速公路电子不停车收费系统中发挥着不可或缺的作用。有源 RFID 通过外接电源供电,主动向射频识别阅读器发送信号,其体积相对较大。但也因此拥有了较长的传输距离与较高的传输速度。一个典型的有源 RFID 标签能在百米之外与射频识别阅读器建立联系,读取率可达 1700 个/s。有源 RFID 主要工作在 900MHz、2.45GHz、5.8GHz 等较高频段,且具有可以同时识别多个标签的功能。有源 RFID 的远距性和高效性使得它在一些需要高性能、大范围的射频识别应用场合里必不可少。

半有源 RFID 又称为低频激活触发技术。通常情况下,半有源 RFID 产品处于休眠状态,仅对标签中保持数据的部分进行供电,因此耗电量较小,可维持较长时间。当标签进入射频识别阅读器识别范围后,阅读器先以 125kHz 低频信号在小范围内精确激活标签,使之进入工作状态,再通过 2.4GHz 微波与其进行信息传递,即先利用低频信号精确定位,再利用高频信号快速传输数据。其通常应用在一个高频信号所能所覆盖的大范围中,在不同位置安置多个低频阅读器用于激活半有源 RFID 产品。这样既完成了定位,又实现了信息的采集与传递。

通常射频识别技术具有如下特性。

(1) 适用性：RFID 技术依靠电磁波，并不需要连接双方的物理接触。这使得它能够忽略障碍物建立连接，直接完成通信。

(2) 高效性：RFID 系统的读写速度极快，一次典型的 RFID 传输过程通常不到 100ms。高频段的 RFID 阅读器可以同时识别、读取多个标签的内容，极大地提高了信息传输效率。

(3) 独一性：每个 RFID 标签都是独一无二的，通过 RFID 标签与产品的一一对应关系，可以清楚地跟踪每一件产品的后续流转情况。

(4) 简易性：RFID 标签结构简单，识别速率高，所需读取设备简单。尤其是随着 NFC 技术在智能手机上逐渐普及，每个用户的手机都成为简单的 RFID 阅读器。

3. 物料传送带

传送带是物料搬运系统实现机械化和自动化的传送用具。传送带一般按有无牵引件进行分类。

具有牵引件的传送带一般包括牵引件、承载构件、驱动装置、张紧装置和支承件等。牵引件用以传递牵引力，可采用输送带、牵引链或钢丝绳；承载构件用以承放物料，有料斗、托架或吊具等；驱动装置给输送机以动力，一般由电动机、减速器和制动器等组成；张紧装置一般有螺杆式和重锤式两种，可使牵引件保持一定的张力和垂度，以保证传送带正常运转；支承构件用以承托牵引件或承载构件，可采用托辊、滚轮等。

没有牵引件的传送带设备的结构组成各不相同，用来输送物料的工作构件也不相同。它们的结构利用工作构件的旋转运动或往复运动，或利用介质在管道中的流动使物料向前输送。例如，辊子输送机的工作构件为一系列辊子，辊子做旋转运动以输送物料；螺旋输送机的工作构件为螺旋，螺旋在料槽中做旋转运动以沿料槽推送物料；振动输送机的工作构件为料槽，料槽做往复运动以输送置于其中的物料等。

对于具有牵引件的传送带，被运送物料装在与牵引件连接在一起的承载构件内，或直接装在牵引件（如输送带）上，牵引件绕过各滚筒或链轮首尾相连，形成包括运送物料的有载分支和不运送物料的无载分支的闭合环路，利用牵引件的连续运动输送物料。

4. 装配工业机器人

前述内容已经介绍了工业机器人的三大部分，下面介绍工业机器人的六个子系统。

1) 机械结构系统

从机械结构来看，工业机器人总体上分为串联机器人和并联机器人。串联机器人的特点是一个轴的运动会改变另一个轴的坐标原点，而并联机器人的特点是一个轴的运动则不会改变另一个轴的坐标原点。早期的工业机器人都是采用串联机构。并联机构定义为动平台和定平台通过至少两个独立的运动链相连接，机构具有两个或两个以上自由度，且以并联方式驱动的一种闭环机构。并联机构有两个构成部分，分别是手腕和手臂。手臂活动区域对活动空间有很大的影响，而手腕是工具和主体的连接部分。与串联机器人相比，并联机器人具有刚度大、结构稳定、承载能力大、微动精度高、运动负荷小的优点。在位置求解上，串联机器人的正解容易，但反解十分困难；而并联机器人则相反，其正解困难，反解却非常容易。

2) 驱动系统

驱动系统是向机械结构系统提供动力的装置。根据动力源不同，驱动系统的传动方式分为液压式、气压式、电气式三种。早期的工业机器人采用液压驱动。由于液压系统存在泄漏、噪声和低速不稳定等问题,并且功率单元笨重且昂贵,目前只有大型重载机器人、并联加工机器人和一些特殊应用场合使用液压驱动的工业机器人。

气压驱动具有速度快、系统结构简单、维修方便、价格低等优点。但是气压装置的工作压强低,不易精确定位,一般仅用于工业机器人末端执行器的驱动。气动手抓、旋转气缸和气动吸盘作为末端执行器可用于中、小负荷的工件抓取和装配。

电力驱动是目前使用最多的一种驱动方式,其特点是电源取用方便,响应快,驱动力大,信号检测、传递、处理方便,并可以采用多种灵活的控制方式,驱动电动机一般采用步进电动机或伺服电动机,也有采用直接驱动电动机,但是造价较高,控制也较为复杂。和电动机相配的减速器一般采用谐波减速器、摆线针轮减速器或行星齿轮减速器。由于并联机器人中有大量的直线驱动需求,直线电动机在并联机器人领域已经得到了广泛应用。

3)感知系统

机器人感知系统把机器人各种内部状态信息和环境信息从信号转变为机器人自身或者机器人之间能够理解和应用的数据和信息,需要感知与自身工作状态相关的机械量,如位移、速度和力等。感知系统由内部传感器模块和外部传感器模块组成,智能传感器的使用提高了机器人的机动性、适应性和智能化水平。

4)机器人-环境交互系统

机器人-环境交互系统是实现机器人与外部环境中的设备相互联系和协调的系统。机器人与外部设备集成为一个功能单元,如加工制造单元、焊接单元、装配单元等。当然也可以是多台机器人集成为一个去执行复杂任务的功能单元。

5)人机交互系统

人机交互系统是人与机器人进行联系和参与机器人控制的装置。例如,计算机的标准终端、指令控制台、信息显示板、危险信号报警器等。

6)控制系统

控制系统的任务是根据机器人的作业指令以及从传感器反馈回来的信号,支配机器人的执行机构去完成规定的运动和功能。如果机器人不具备信息反馈特征,则为开环控制系统;具备信息反馈特征,则为闭环控制系统。根据控制原理可分为程序控制系统、适应性控制系统和人工智能控制系统。根据控制运动的形式可分为点位控制和连续轨迹控制。

5. 工作站辅助装置

1)自动锁螺钉机

自动锁螺钉机相对于一手拿螺钉、一手拿设备的锁螺钉方式,解放了人的双手,如图4-36所示。螺钉机包含螺钉自动整列单元、螺钉自动输送单元和螺钉自动拧紧单元以及锁付过程中的检测单元。螺钉自动整列单元主要是将散装的螺钉进行整齐排列并单个输出。整列单元可以通过振动盘分选机构实现,也可以通过摇臂式螺钉整列机构实现。螺钉自动输送单元主要将整列好的螺钉单个输送到螺钉拧紧单元的工作头部。螺钉自动拧紧单元包括旋转动力部分和螺钉导入部分。螺钉的导入方式常见的有吹气式和吸附式。一般而言,吹气式由于工作连续,无须头部来回动作,整体效率优于吸附式。但吹气式本身受到螺钉外形和长径比的限制,并不适合每一种螺钉;其检测单元包括对螺钉的漏锁、浮锁、卡料等问题检测,还包括工件对位、螺钉孔对正等功能。

2)空气压缩机

空气压缩机是一种用以压缩气体的设备,与水泵构造类似,大多数空气压缩机是往复活塞式,如图4-37所示。

图4-36 自动锁螺钉机

图4-37 空气压缩机

离心式压缩机包含如下系统。

(1)油循环系统:在启动前,首先启动油泵控制系统,油泵控制系统启动后保证空气压缩机各润滑部件润滑良好,同时油泵控制系统可通过内置的温控阀调节内部油压和油温,以满足系统需要。

(2)气路循环系统:压缩机工作时,空气经过自洁式空气过滤器被吸入,通过PLC自动清洗过滤器,空气在经过进口导叶自动调节后进入一级压缩,经一级压缩后的气体温度较高,然后进入中间冷却器进行冷却(水走管内,气走管外,中冷器的水流量要求为110m/h)之后进入二级压缩系统,为避免系统中的气体倒入压缩腔内(避免带压启动),在压缩机的排气管道安装有一只悬挂全启式止回阀,压缩机排出的气体推开止回阀进入排气消声器,然后进入一级后冷器、二级后冷器,再进入排气主管道。

(3)水路循环系统:一路冷却水通过管道进入空压机中间冷却器对一级压缩排出的气体进行冷却降温,再进入后冷器对排气进行冷却;另一路冷却水进水管道经过主电动机上部的两组换热器冷却电动机绕组;还有一路对油冷却器进行冷却。

(4)配电系统:空压机为2000kW高压电动机(10kV)采用全压启动,控制柜为户内交流、金属铠装抽出式开关设备,开关设备由固定的柜体和可抽出部件即手车两大部分组成,实现控制、保护、监测的目的,具有"五防"功能。

(5)保护系统:中央信号装置分为事故信号和预告信号两种。事故信号的主要任务是在断路器事故跳闸时,及时地发出音响信号,并使相应的断路器灯光位置信号闪光。预告信号的主要任务是在运行设备发生异常现象时,瞬时或延时发出音响信号,并使光字牌显示出异常现象的内容。

(6)直流电源系统:由充电装置屏、直流馈电屏和蓄电池组成,具有自动稳流、自动稳压、自动调压等功能,为中央信号屏和高压控制系统提供电源。

(7) DTC 控制系统:DTC 控制屏是空气压缩机的"大脑",各类现场传感器的数值最终汇总至 DTC 控制屏,在 DTC 控制屏上显示各类运行参数,并监视空压机各部分的运行状态,当某些参数超出允许范围时,DTC 会发出相应的报警或使空气压缩机停机。

3)末端执行器

机器人末端执行器是指任何一个连接在机器人边缘(关节)具有一定功能的工具,可分为工具快换装置、碰撞传感器、旋转连接器、压力工具、柔顺装置、喷涂枪、毛刺清理工具、弧焊枪、点焊枪等。机器人末端执行器通常被认为是机器人的外围设备、机器人附件、机器人手臂末端工具。

机器人末端执行器要素:机构形式,抓取方式,抓取力,驱动装置及控制物件特征、质量、外形、重心位置、尺寸大小、尺寸公差、表面状态、材质、强度、操作参数、操作空间环境,操作准确度,操作速度和加速度,夹持时间,如图 4-38 所示。

图 4-38　机器人末端执行器

在设计末端执行器时,其无论是夹持式还是吸附式,都需要有满足作业所需要的重复精度。应尽可能使机器人末端执行器的结构简单且紧凑,质量轻,以减轻手臂的负荷。通用的机器人末端执行器结构简单,工作效率高,且能够完成各种作业,而专用的末端执行器结构较复杂,费用昂贵,因此提倡设计可快速更换的、系列化的、通用化的专用机器人末端执行器。

气吸式末端执行器利用吸盘内的负压产生的吸力吸住并移动工件,适用于吸取大而薄、刚性差的金属或木质板材、纸张、玻璃和弧形壳体等作业零件。根据应用场合不同,末端执行器可以做成单吸盘、双吸盘、多吸盘或特殊形状吸盘,按形成负压的方法又可分成挤压排气式吸盘、气流负压式吸盘、真空泵排气式吸盘。

挤压排气式吸盘靠向下挤压力将吸盘中的空气全部排出,使其内部形成负压状态,然后将工件吸住,具有结构简单、重量轻、成本低等优点。但是吸力不大,多用于吸取尺寸不太大、薄而轻的工件。

气流负压式吸盘的气流控制阀将来自气泵中的压缩空气自喷嘴喷入,形成高速射流,将吸盘内腔中的空气带走,从而使腔内形成负压,然后吸住物体,若作业现场有压缩空气供应,使用这种吸盘比较方便,且成本低。

真空泵排气式吸盘利用电磁控制阀将真空泵与吸盘相连,当控制阀抽气时,吸盘腔内的空气被抽走,形成腔内负压,从而吸住工件。反之,控制阀将吸盘与大气连接时,吸盘会失去吸力,从而松开工件。真空泵式吸盘的吸力主要取决于吸盘吸附面积的大小以及吸盘内墙的真空度。这种吸盘工作可靠,吸力较大,但需要配备真空泵以及气流控制系统,费用较高。

4.1.4 个性化定制工作站

1. 工作站组成

个性化定制工作站

个性化定制工作站对组装完成的 U 盘产品进行定制化加工,根据用户个性化订单,利用激光在 U 盘的外壳和包装盒表面进行信息雕刻。如图 4-39 所示,本工作站主要由机架、四轴水平多关节机器人、激光雕刻机、运输线等组成。激光雕刻机作为主要设备,其性能参数如表 4-5 所示。

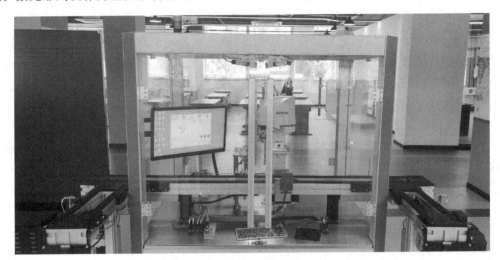

图 4-39 个性化定制工作站

表 4-5 激光雕刻机性能参数

参　　数	说　　明
打标范围	(标配)100mm×100mm、(选配)200mm×200mm、160mm×160mm
激光功率	20W
脉冲重复频率	20~200kHz
雕刻深度	≤0.3mm
最小线宽	30mm(F100)
最小字符	0.2mm
打标速度	≤8000mm/s
重复精度	±0.008mm
整机耗电功率	500W
设备尺寸	482mm×561mm
相对温度	10~30℃
相对湿度	≤75%

续表

参　　数	说　　明
电力要求	220V/单相/50Hz/2.5A
激光波长	1.06μm
激光器	光纤 Q-20W/M 激光器
扫描头	CXY 高速光电振镜
工控机	CPU：双核 3.5GHz，内存：4GB
硬盘	1T，液晶显示器，光电鼠标
控制系统	EMCC 高速系统
打码软件	按要求定制
适用材质	塑料，金属
操作方式	全自动
配套精密移动平台	—

2. 加工流程

载具由 AGV 小车送达，进料挡停气缸伸出，到达机器人工站后，RFID 读取载具信息，顶升气缸伸出，机器人开始抓取，分别给包装盒盖和 U 盘外壳进行订单信息激光雕刻。打标完成后，RFID 信息写入，顶升气缸缩回，挡停气缸伸出，对载具放行，载具到达出料挡停气缸处呼叫 AGV 接料。

3. 激光雕刻加工系统

激光打标机是用激光束在各种不同的物质表面打上永久的标记，如图 4-40 所示。打标的效应是通过表层物质的蒸发露出深层物质，从而刻出精美的图案、商标和文字。激光打标机主要分为 CO_2 激光打标机、半导体激光打标机、光纤激光打标机和 YAG 激光打标机。激光打标机主要应用于一些要求精细、精度高的场合，例如电子元器件、集成电路、电工电器、手机通信、五金制品、工具配件、精密器械、眼镜钟表、首饰饰品、汽车配件、塑胶按键、建材、PVC 管材等。

激光打标机电源是为光纤激光器提供动力的装置，其输入电压为 220V 交流电。安装于打标机控制盒内。光纤激光打标机采用进口脉冲式光纤激光器，其输出激光模式好，使用寿命长，被设计安装于打标机机壳内。振镜扫描系统由光学扫描器和伺服控制两部分组成。整个系统采用新技术、新材料、新工艺、新工作原理设计和制造。

光学扫描器采用动磁式偏转工作方式的伺服电动机，具有扫描角度大、峰值力矩大、负载惯量大、机电时间常数小、工作速度快、稳定可靠等优点。光学扫描器分为 X 方向扫描系统和 Y 方向扫描系统，每个伺服电动机轴上固定着激光反射镜片。每个伺服电动机分别由计算机发出数字信号控制其扫描轨迹。

计算机控制系统是整个激光打标机控制和指

图 4-40　激光打标机

挥的中心，同时也是软件安装的载体，通过对声光调制系统、振镜扫描系统的协调控制完成对工件的打标。

激光打标适用的材料包括普通金属及合金(铁、铜、铝、镁、锌等所有金属)、稀有金属及合金(金、银、钛)、金属氧化物(各种金属氧化物均可)、特殊表面处理(磷化、铝阳极化、电镀表面)、ABS料(电器用品外壳、日用品)、油墨(透光按键、印刷制品)、环氧树脂(电子元件的封装、绝缘层)。

4. 工作站辅助装置

机器人工具快换装置又称工具快换盘、换枪盘、快速更换器、快换器、快换夹具、治具快换等，它是工业机器人行业使用在末端执行器的一种柔性连接工具，是高性能工业机器人系统上主要的组成部分，能够使机器人充分发挥性能，完成多种作业，提高机器人的性价比，如图4-41所示。

图4-41 机器人工具快换装置

工业机器人工具快换装置分为机器人侧和工具侧，机器人侧安装在机器人前端手臂上，工具侧安装在执行工具上(如焊钳、抓手等)。工具快换装置能快捷地实现机器人侧与执行工具侧之间电、气体和液体相通。一个机器人侧可以根据用户的实际情况与多个工具侧配合使用，从而增加机器人产线的柔性，提高机器人产线的效率和降低生产成本。工具快换装置能够让不同的介质(例如气体、电信号、液体、视频、超声等)从机器人手臂连通到末端执行器，便于机器人系统二次开发和系统集成。工具侧可能还有一些电、气体、液体的接口，由于工具的驱动方式不同，工具侧手爪自重不能太大。工业机器人能抓取工件的质量是机械手承载能力减去手部质量。手爪自重要与机械手承载能力相匹配。

工业机器人工具快换装置的优点如下。

(1) 产线更换可以在数秒内完成。

(2) 维护和修理工具快速，大大减少停工时间。

(3) 通过在应用中使用一个以上的末端执行器，从而使产线柔性增加。

(4) 使用自动交换单一功能的末端执行器，代替原有笨重复杂的多功能工装执行器。

工业机器人工具快换装置的特点如下。

(1) 通用性好：机器人工具快换装置一律采用国际标准接口，具有非常好的通用性和匹配性。

(2) 结构紧凑：机器人快换装置采用单活塞杆式快换气缸，并采用悬挂放置方式，保证了其在快换架上安装的同轴性；另外，单活塞杆式可获得更多的运动行程，保证了连接销的伸出长度。

（3）可靠性高：机器人快换装置可以对气缸和连接销进行支撑，可以对快换装置的伸缩过程起导向作用，从而进一步提高快换装置的可靠性。

4.1.5　检测包装工作站

1. 工作站组成及工艺流程

基于机器视觉检测包装工作站主要用于对已装配好的产品进行质量检测、包装的操作，如图 4-42 所示。具体流程如下：托盘由 AGV 小车送达，进料挡停气缸伸出，到达机器人工站后，RFID 读取载具信息，顶升气缸伸出，机器人开始依次对包装盒盖子、加工件、装配好的 U 盘进行相机检测。检测和包装完成后，根据检测结果（合格品或者不合格品）机器人抛弃不合格品或者向载具搬运合格产品，结束后，RFID 信息写入，顶升气缸伸出，对载具放行，载具到达出料挡停气缸处呼叫 AGV 接料，等待出料结束。

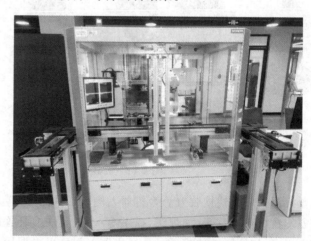

检测包装工作站　　　　　　图 4-42　机器视觉检测包装工作站

1）工作站组成

机电：机器视觉检测系统、气缸、定位传感器、PLC、人机界面。

工业机器人：六轴工业机器人、带工具快换装置的末端执行器。

RFID：读写头、数据存储单元、网络连接组件。

控制：机器人控制、逻辑控制、人机界面组态。

信息：开关量 I/O、机器人信息、RFID 信息。

2）工艺流程

六轴工业机器人抓取产品放在预定位置，CCD 利用影像检测技术，相机拍照检测，与订单数据进行比对，如包装盒检测、加工件检测、缺陷检测和装配情况检测等，作出 OK 或 NG 判断，如图 4-43 所示。

2. 机器视觉检测系统

机器视觉是用机器代替人眼进行目标对象的识别、判断和测量，主要研究如何用计算机模拟人的视觉功能。机器视觉技术包括视觉传感器技术、光源照明技术、光学成像技术、数

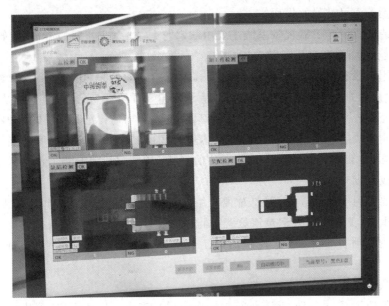

图 4-43 机器视觉检测结果

字图像处理技术、模拟与数字视频技术、计算机软硬件技术和自动控制技术等。机器视觉的特点不仅在于模拟人眼功能,更重要的是它能完成人眼所不能胜任的某些工作。

在工业生产过程中,相对于传统检验方法,机器视觉技术的最大优点是快速、准确、可靠与智能化,对提高产品检验的一致性、产品生产的安全性、降低工人劳动强度以及实现企业的高效安全生产和自动化管理,具有不可替代的作用。

机器视觉系统是基于机器视觉技术为机器或自动化产线建立的一套视觉系统。典型的机器视觉系统构成如图 4-44 所示。

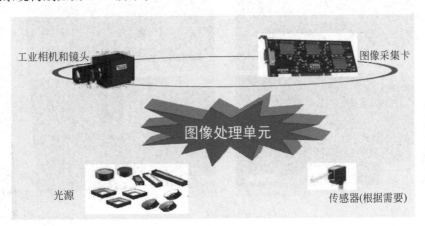

图 4-44 典型的机器视觉系统

在现代自动化生产中,涉及各种各样的检查、测量和零件识别应用,例如产品的完整性检测、质量检查等。这类产品的共同特点是大批量生产,对外观质量的要求非常高,之前人工检测工作十分繁杂,增加了人工成本及管理成本,且容易出错。机器视觉就是代替人眼来做测量和判断,机器视觉检测系统不但可以做到零出错率,而且节约了人工成本,对于提高产品质量起到了不可替代的作用。

智能制造产线中的机器视觉系统主要由欧姆龙 L440 高速处理控制器、欧姆龙 FS 系列 CCD 相机、变焦镜头、光源系统和 12 寸高清显示屏组成。

相机选用全像素读出方式、网线传输型、CMOS 摄像元件(相当于 1/2.5 英寸)的彩色相机,有效像素数为 2592(H)×1944(V);镜头为 500 万像素高分辨率、低畸变、C 口、光圈可调;工业光源采用蓝色低角度环形 LED 灯,保证光照均匀;光源控制器为 24V DC。

视觉检测模块主要实现对装配后的 U 盘进行颜色、尺寸、装配情况等功能检测,根据预先设定的数据,对 U 盘产品作出 OK 或 NG 的判断;检测完后将合格产品送入下一个工站,不合格产品放入废弃盒。

如果想要等到准确的数据,需要对视觉系统进行正确操作,先将 U 盘产品移至相机的有效检测范围内,工业机器人记录该位置,调整相机焦距和光圈,使相机成像清晰,然后分别设置需要检测的项目参数、视觉控制器与工业机器人的数据交互参数,完成视觉相机的配置。

开机注意事项如下。

(1) 等待 CCD 系统启动完成(计算机上电自启),输入账号和密码,等待 CCD 软件自启完成,如图 4-45 所示。

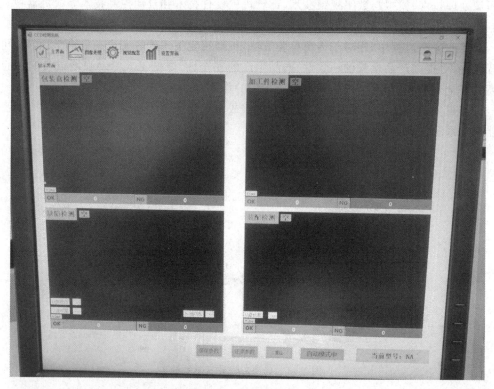

图 4-45　CCD 系统检测界面

(2) 确保设备气源已接通,机器人"急停/设备急停"按钮处于抬起状态,所有安全门均已关好。

(3) 复位指示灯在闪烁,按下"复位"按钮对安全模块进行复位,直至不再闪烁。

(4) 机器人控制器切换至自动模式,机器人运行速度设置为30%左右。

(5) 把"手/自动切换"按钮切换为手动模式。

(6) 长按"初始化"按钮两秒钟,绿灯按钮变为红色。

(7) 按下"复位"按钮,对设备进行初始化,直至"初始化"按钮由红色变为绿色,初始化完成。

(8) 触摸屏上的"手动/自动切换"按钮切换为自动模式。

(9) "启动"按钮灯一直闪烁,设备进入待运行状态,按下"启动"按钮,设备进入运行状态,等待来料。

3. 工作站辅助装置

末端执行器是装在机器人法兰盘的机械接口上,用于使机器人完成作业任务而专门设计的装置,又称为末端操作器、末端操作手,有时也称为手部、手爪、机械手等。末端执行器一般可以开合或吸放,与机器人的用途密切相关。末端执行器的主要特点如下。

(1) 手部与手腕处有可拆卸的机械接口。根据夹持对象的不同,手部结构会有差异,通常一个机器人配有多个手部装置或工具,因此要求手部与手腕处的接头具有通用性和互换性。

(2) 手部可能还有一些电、气体、液体的接口。由于手部的驱动方式不同,对这些部件的接口一定要求其具有互换性。

(3) 工业机器人的手部通常是专用装置。一种手爪往往只能抓住一个或几个在形状、尺寸、重量等方面相近的工件,一种工具只能执行一项作业任务。

末端执行器种类繁多,最常见的末端执行器有用于抓拿物件的夹持器;用于加工工件的铣刀、砂轮和激光切割器;用于焊接、喷涂用的焊枪、喷具;用于质量检测的测量头、传感器。末端执行器有多种分类方法,按夹持原理可分为以下几类。

(1) 吸盘式/吸附型。吸盘式执行器是目前应用较多的一种执行器,特别是用于搬运机器人。该类执行器可分为磁吸和气吸两类。它是利用吸盘内形成的气体负压,或电磁等吸力把对象吸住,靠大气压力、电磁吸力及由此产生的摩擦力来限制物体的自由度。

(2) 承托型手爪。承托型手爪是将物体放置在托架上,不需要握住,靠自重和托架的构形,就可使物体定位并搬运到指定位置。

(3) 夹持型/手指式手爪。夹持型手爪(或称夹持器)是目前应用最广泛的一种执行器。它既可用手指的内侧面夹持物品的外部,也可将手指伸入物品的孔内后,张开手指,用外侧面卡住物体等。常见的夹持器有外夹式、内撑式、内外夹持式,如图4-46所示。

(a) 外夹式
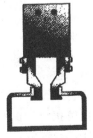
(b) 内撑式
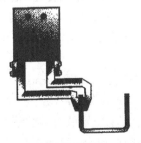
(c) 内外夹持式

图4-46 夹持器

本工作站主要使用吸附型执行器和夹持型中的外夹式执行器，如图 4-47 所示。

图 4-47　工作站所用的末端执行器

4.1.6　移动机器人系统

1. 移动机器人分类

移动机器人系统

移动机器人是一种在复杂环境下工作，具有自行组织、自主运行、自主规划的智能机器人，融合了计算机技术、信息技术、通信技术、微电子技术和机器人技术等。移动机器人一般由传感器、遥控操作器和自动控制的移动载体组成。移动机器人具有移动功能，代替人从事危险、恶劣（如辐射、有毒等）环境下作业和人所不及的环境（如宇宙空间、水下等）作业，比一般机器人有更大的机动性、灵活性。

根据移动方式，移动机器人可分为轮式移动机器人、步行移动机器人（单腿式、双腿式和多腿式）、履带式移动机器人、爬行机器人、蠕动式机器人和游动式机器人等；按工作环境可分为室内移动机器人和室外移动机器人；按功能和用途可分为医疗机器人、军用机器人、助残机器人、清洁机器人等；按作业空间可分为陆地移动机器人、水下机器人、无人飞机和空间机器人。

2. 运输小车的结构及控制原理

数字孪生 U 盘智能产线共有两台移动机器人，一台是激光导航的 AGV 运输小车，负责将 U 盘的原材料在每个工作站中运输传送，适应于各工作站间的柔性组合，可以依据场地作出调整；另一台是服务机器人，用于将个性化定制的 U 盘合格产品送给顾客。

U 盘智能产线所用的是 Oasis 300UL 室内工业环境的标准移动机器人平台，如图 4-48 所示。它具备构建环境地图、路径导航、自主规划路径、自主执行路径、安全避障等功能。具体参数如表 4-6 所示。

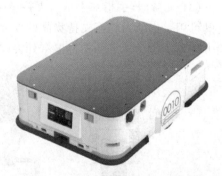

图 4-48　室内工业环境的标准移动机器人平台

表 4-6　Oasis 300UL 规格表

类　型	项　目	技 术 指 标	备　注
基本性能	外形尺寸(长×宽×高)	850mm×605mm×290mm	尺寸公差±2mm
	自重	≤100kg	平台
	最大载重	300kg	包含载具重量
运动性能	最大速度	1.57m/s	
	工作速度	前进:1.0m/s;后退:0.3m/s	
	转弯半径	0	
	回转半径	484mm	
	爬坡能力	不大于3°	
	越障能力	10mm	
	过缝宽度	30mm	
	离地间隙	25mm	
	行走通道宽度	≥700mm	
	回转通道宽度	≥1130mm	
	站点定位精度	±10mm	
	精准对接精度	±5mm	
续航性能	电池容量	51.2V,30A·h	磷酸铁锂电池
	续航时间	DOD≥80%,1500h	0.5C充1C放(常温)
	充电方式	自动+手动+电池快换	手动最大电流10A
			自动最大电流30A
	充电时间	1h	充电到95%
对外接口	电源输出口	2路DC 51.2V,1000W(40~57.6)	
		2路DC 24V,20W(稳定电源)	
	标准通信接口	1路RS-232	
		1路CAN	
	I/O接口	支持CAN通信扩展	

该运输小车具有快速部署、扩展性强、自我检测和自主充电的功能。快速部署基于自然无轨导航技术,无须场景改造,自动生成环境地图,实现调度规划服务;实时获取机器人硬件及其运行状态,实现自检及故障快速诊断功能;标准化、高通用性软硬件扩展接口,根据需要可快速搭载应用功能模块;机器人自动回充电桩充电,实现24/7全天运行及任务间高频快速响应。

Oasis 300UL 激光雷达放置于机器人前进方向的凹槽内,该凹槽可轻易地帮助识别机器人的前后,机器人后部嵌入了一台7英寸的交互触摸屏,用于显示机器人状态信息及用户交互操纵。机体一共布置了4个LED状态指示灯,位于机器人机体侧面4个转角处,同时机器人装备了一个扬声器,在工作状态同步产生声音和灯光提示信息,如图4-49所示。

机器人机体有三块可活动部件,分别是一块后舱盖部件和两块顶部的拓展盖板。打开后舱盖可以将电池进行更换,或对交互显示屏进行调试等相关工作,顶部方形盖板下为拓展接口组件,适用于与外部设备连接和通信,顶部圆形盖板为选装模块预留。

Oasis 300UL 移动机器人使用激光 SLAM(Simultaneous Localization and Mapping)定位导航技术。在绘制地图功能开启的状态下,用户手动控制机器人在作业区域内移动,安装在机器人前方的激光雷达对作业区域环境进行持续扫描,绘制环境二维平面地图并保存在

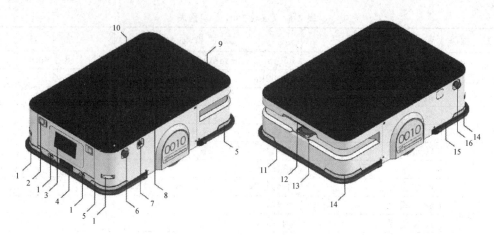

图 4-49　AGV 运输小车的外部器件示意图

1—后退接近传感器；2—后舱盖锁；3—触控显示屏；4—自动充电口；5—右侧指示灯；6—右侧急停按钮；7—三挡开关；8—对外接口封板；9—顶部板；10—顶板中部封板；11—前部安全触边；12—视觉避障摄像头；13—激光雷达；14—左侧指示灯；15—后部安全触边；16—左侧急停按钮

机器人的主控制器内。在工作状态下，机器人以存储在机器人主控制器内的地图为参照，利用激光雷达实时扫描室内作业区域环境的轮廓信息，并根据该信息计算机器人在作业区域中的实时位置信息和角度信息。机器人使用扫描的环境轮廓信息判断自身运动路径特定区域内是否存在障碍物，并执行相应的避障策略。

该机器人使用的二维激光仅能扫描到特定高度的轮廓信息，无法检测到高于或低于此平面的物体；激光雷达检测半径范围为 0.1～30m，检测角度范围为 240°；激光雷达对不同颜色、不同材质的物体有不同的发射效果，可能造成 ±10mm 的定位偏差。

Oasis 300UL 移动机器人采用两个电动机驱动轮、四个万向从动轮的六轮底盘。两个驱动轮均有一台电动机驱动，采用差速控制，实现机器人直线行驶、曲线行驶和原地旋转。机器人基于用户在地图上编制的路网，自主路径规划和导航信息实时控制驱动轮，实现高精度的循迹行驶和平滑的速度控制。机器人通过前部的激光雷达、视觉检测模块等传感器感知行进路线通道范围内的环境信息，并作出相应决策，实现安全区域切换、减速、停止或者主动绕障等功能，确保安全地在预设路径中运行，最大限度地降低安全风险。

自动导引小车有三挡选择开关，OFF 挡为关闭总电源，RID 挡为开启电源且电动机释放制动；ON 挡为设备工作状态。

机器人在运动过程中，基于规划的运行路径以机器人自身尺寸为基准，建立检测区域，实时检测工作区域中的障碍物在检测区域中的位置并作出相应的策略。机器人的避障策略有三种，分别是减速、暂停、主动绕障，其中暂停和主动绕障要二选一，默认策略为暂停。机器人启用运动方向前方的避障，即在机器人前进时，后方避障功能不启用，在机器人后退时，前方避障功能不启用。

Oasis 300UL 移动机器人采用标准容量为 51.2V、30A·h 的大容量磷酸铁锂电池，满足机器人 8 小时的连续工作需求，采用 BMS 监控电池的工作状态，获取电池电量、输出电压和输出电流等数据。当电池电量低于 10% 时，触发机器人的低电量语音及灯光报警；当电量低于 5% 时，会触发机器人低电量模式，并关闭所有非必要的设备供电。

Oasis 300UL 机器人支持自动充电和手动充电两种充电模式。U 盘智能产线采用的是自动充电模式,自动充电桩配套调度系统 FMS 使用。调度系统 FMS 检测到机器人电量过低或完成搬运任务空闲一段时间后,直接调度机器人返回到充电桩的位置,执行自动充电任务,等待下一次搬运工作。

3. 移动机器人导航方式

目前应用比较广泛和成熟的移动机器人导航方式主要有以下几种。

(1)磁导航方式:即磁条导航,通过在路面上铺设磁条,通过磁导航传感器不间断地感应磁条产生的磁信号实现导航,通过读取预先埋设的 RFID 卡完成指定任务。磁导航成本较低,实现较为简单。但此导航方式灵活性差,AGV 只能沿磁条行走,更改路径需重新铺设磁条,无法通过控制系统实时更改任务,且磁条容易损坏,后期维护成本较高。

(2)激光导航方式:移动机器人行驶路径的周围安装位置精确的激光反射板,移动机器人通过发射激光束,同时采集反射板反射的激光束来确定其当前的位置和方向,并通过连续的三角几何运算实现导航。此项技术最大的优点是定位精确,地面无须其他定位设施,行驶路径可灵活多变,能够适用于多种现场环境,是目前国外许多生产厂家优先采用的先进导航方式;缺点是制造成本高,对环境要求相对苛刻。

(3)光学导航方式:在移动机器人的行驶路径上涂漆或粘贴色带,通过对摄像机采集的色带图像信号进行简单处理而实现导航,其灵活性比较好,地面线路设置简单易行,但对色带的污染和机械磨损十分敏感,对环境要求较高,导航可靠性较差,且很难实现精确定位。

(4)惯性导航方式:惯性导航是在移动机器人上安装陀螺仪,在行驶区域的地面上安装定位块,机器人可通过对陀螺仪偏差信号的计算及地面定位块信号的采集确定自身的位置和方向,经过积分和运算得到速度和位置,从而达到对运载体导航定位的目的。此项技术在军方较早运用,其主要优点是技术先进,定位准确性高,灵活性强,便于组合和兼容,适用领域广,已被国外的许多移动机器人生产厂家采用。其缺点是制造成本较高,导引的精度和可靠性与陀螺仪的制造精度及使用寿命密切相关。组成惯性导航系统的设备都安装在运载体内,工作时不依赖外界信息,也不向外界辐射能量,不易受到干扰,是一种自主式导航系统。

4. 服务机器人

服务机器人具有 LED 脸部表情、触摸屏人机交互、导航与定障、语音提示、自动充电等功能。机器人运动通过激光雷达实现自主导航,在行走过程中遇到障碍物时,会停止运动,等障碍物消失后,继续前进。配备有自动充电桩的机器人可以实现自动充电功能,当机器人电量低于一定值时,机器人会自动找到充电桩并完成充电。

服务机器人是机器人家族中的一个年轻成员,尚没有一个严格定义,不同国家对服务机器人的认识也不同。其可分为专业领域服务机器人和个人/家庭服务机器人,服务机器人的应用范围很广,主要从事维护保养、修理、运输、清洗、保安、救援、监护等工作。目前服务机器人初步定义为是一种半自主或全自主工作的机器人,它能完成有益于人类健康的服务工作,但不包括从事生产的设备。目前主要应用领域有医用机器人、多用途移动机器人平台、水下机器人及清洁机器人。

从需求及设备现有的技术水平方面来看,助残机器人会成为服务机器人的一个关键的领域。目前主要类型有护士助手、脑外科机器人、口腔修复机器人、进入血管机器人、爬缆索机器人、户外清洗机器人等,如图4-50所示。

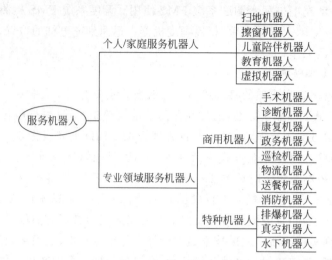

图4-50 服务机器人分类

开机时,要确认机器人急停状态是否解除,如果没有,需要轻轻旋转机器人背部的红色急停开关进行解除;按下机器人胸前的启动开关,实现机器人开机。若发生紧急状况,可按下急停开关,实现可动部分断电,机器人停止一切动作。

构建地图时需要注意,尽量在待扫区域没有人或者人较少的时候进行扫图,同时尽量清除待扫区域中经常移动的物体,对于场景中的反光、透光、吸光等物体,在条件允许的情况下,尽量在机器人的雷达扫描平面处贴上其他不影响雷达正常扫描的材料,确保区域内无影响扫图质量的物体(如黑色、深色等反光率过低的物体,玻璃等透明物体,镜子、不锈钢等镜面反射物体等)。

在扫图过程中,要注意以下几个方面。

(1) 为保证能扫出较高质量的地图,在开始扫图时,机器人最好面朝一堵直墙,且雷达能扫到尽可能多的有效点。

(2) 大面积建图时,最好能让机器人实现闭环扫码,然后再去详细扫描细节部分。

(3) 尽量保证地图的完整性,在机器人可能行走的路径上,周围360°的区域均需要用雷达探明,目的是增加地图完整性,使激光匹配的参照点更多。

5. 移动机器人日常维护

为了使机器人稳定高效的长期运行,机器人需要保持良好的系统状态。根据机器人的设计运行原理,用户对产品的关键部分制定了相应的建议及定期自检方案,包括损耗部件、安全部件、机械紧固件、传感器及连接线等。需要定期自检,提前处理异常和潜在风险。

损耗部件有电动机主驱动轮和从动万向脚轮,安全部件有橡胶安全触边、急停按钮及复位按钮;机械紧固件有悬挂及传动机构安装紧固件、驱动轮/主动轮安装紧固件、对外拓展模块安装紧固件;传感器及连接线有激光雷达、视觉摄像头、接近传感器、拓展接口、底部电动机连接接口。

前后脚轮维护周期为1个月检查,3个月更换。确认脚轮是否存在损坏、开胶、断裂等问题,若存在,请及时更换相应脚轮;确认脚轮固定螺栓是否松动,若松动,请重新拧紧螺栓或更换新螺栓。

左右驱动脚轮维护周期为1个月检查,6个月更换。确认脚轮是否存在损坏、开胶、断裂等问题,若存在,请及时更换相应脚轮;确认驱动脚轮固定螺栓是否存在松动的情况,若存在,请重新拧紧螺栓或更换新螺栓。

确认悬挂总成与机体连接的螺钉是否存在松动的情况,若存在,请重新拧紧螺钉或更换新螺钉。

接触式避障功能测试维护周期为2周,机器人前后外壳上各安装一个安全触边,与周围物体发生碰撞时,会触发机器人的急停功能,此时机器人会停止运动,且机器人四周的指示灯都会变成红色常亮状态。测试方法:在机器人开机状态下,用物体撞击安全触边,指示灯全部变成红色,接触式避障功能有效,否则无效。

自动充电口维护周期为1周,维护内容为确定充电口附近是否有异物,若有异物,请用无尘布擦拭干净,确定充电口是否损坏,内部金属触针是否损坏,若损坏,需要联系客服。

外壳维护周期为1周,维护内容为擦拭机器人外壳,确保干净整洁;检查外壳有无碰撞痕迹;检查外壳有无损坏。

整机防护等级为IP20,内部电池及电气元件不具备防水功能。禁止用水冲洗,以免损坏内部电子部件及线路。禁止使用压缩空气清理机器人,特别是雷达位置。使用中性清洁剂,用抹布轻轻擦拭外壳表面的灰尘污渍,随后用干布擦拭。使用润滑油擦拭车体的金属部件进行保养。如长期不使用,相隔两个月左右定期充电,以维护电池。

【任务实施】

4.1.7 工作站的基础操作与维护方法

U盘智能产线由若干个智能工作站组成,智能产线的运行需要各工作站在主控系统的指挥下协调工作。为实时了解主控系统和各工作站的运行状态,主控系统和工作站都配有人机交互系统,触发相应指令和显示工作站主要部件的工作状态,同时提示工作站的故障信息。

工作站的基础操作与维护

1. 产线的开机和停机

智能产线的总功率十几千瓦,采用独立供电方式,同时需保证总电源的进线端为380V交流电,供电系统要稳定,如图4-51所示。各控制柜所有开关都在断开状态下,将总电源开关闭合,此时主控柜中的PLC上电启动,然后依次给每个分站供电,要注意空气断路器闭合的时间要略有间隔,启动完成后PLC面板显示运行状态,如图4-52所示。

可视化大屏-U盘装配线

智能产线的气源采用集中供气,由空气压缩机统一提供。在空气压缩机开机之前,要检查空气压缩机急停状态,"急停"按钮需保持在未按下状态,检查完毕后按下空气压缩机"启动"按钮、滤芯启动开关后,空气压缩机正常工作,显示屏上出现压力值,如图4-53所示。

在智能产线中,数控加工中心、自动运输小车、移动机器人需要单独启动和停机。数控加工中心的机身背面有供电开关,切换至ON状态,等待系统加载完成后,数控系统进入主页面,抬起"急停"按钮,按下"复位"按钮,直至复位完成,切换为自动模式,选择要自动执行

图 4-51　U 盘智能产线配电箱

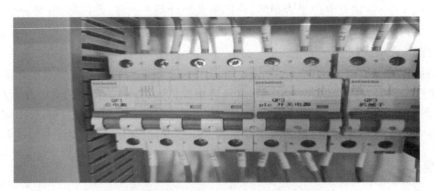

图 4-52　U 盘智能产线各工作站的电气控制柜

图 4-53　空气压缩机的启动

的加工程序段,确认无故障后按下 SPINDLE START 和 FEED START 按钮进入待生产状态,如图 4-54 所示。

自动运输小车和服务机器人的开机操作较为简单,只需要将旋钮旋至 ON 状态即可,系统便会自动启动、初始化、完成自检,运行至待机状态。

所有设备上电后,智能产线运行前,还需进行如下检查。

(1) 各工站塔灯无报警、无红色状态灯工作、无故障指示。

(2) 各工站处在自动控制模式。

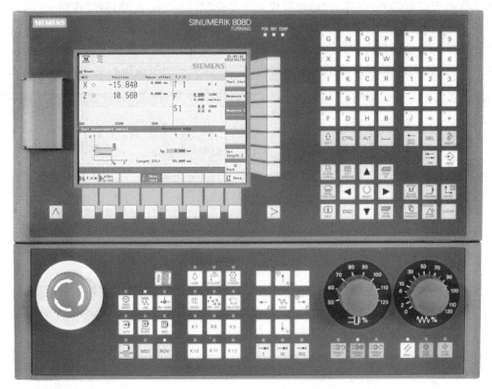

图 4-54 数控加工中心的开机操作

(3) 空气压缩机供气正常。

(4) 机床准备就绪。

(5) 立体库已回原点。

(6) WMS 系统就绪。

(7) MES 系统就绪。

(8) AGV 系统就绪。

各个工站准备就绪后,按下各个工站操作面板的"启动"按钮,延时一定时间后,各工站塔灯绿色指示灯常亮,产线进入待机状态,等待订单生产指令。

智能产线完成订单后如需停止产线,按下各个工站操作面板的"停止"按钮后产线停止,各工站红色按钮指示灯显示红色。如要停止单个工站,可按下工站的"停止"按钮进行操作。空气压缩机停止,按下空气压缩机"停止"按钮,等待空气压缩机完全停止后,按下"急停"按钮、操作滤芯停止开关。特殊情况下停止,立刻按下当前设备的"急停"按钮。正常状态下的停机,则按照启动的反向操作即可。

2. 工作站的基础操作

智能产线的工站配有人机交互系统,即触摸屏。每个工作站的触摸屏功能大致相同,主要用于基本操作和状态显示。个性化定制工作站和检测包装工作站还涉及激光打标机和机器视觉系统的操作。各工站操作面板的急停操作后均可切断本工位工作,设备停机报警,工业机器人安全切断。各

工作站基础操作

工站操作面板除急停外,还设有"启动""停止""复位"按钮、"手/自动切换"按钮。

1) 主控单元

主控单元主要是负责与自动运输小车控制系统交互,向其下发任务;管控数据,上传加工及质量信息;集中控制并显示各工作站状态。主控单元的触摸屏界面如图4-55所示。

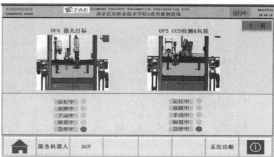

图4-55 主控单元的触摸屏界面

主控系统还能手动控制自动运输小车在不同的工作站间运行。主控系统AGV的控制界面如图4-56所示,可以显示通信状态、电量信息、当前运行路线,在手动模式下按下相应按钮,AGV会到达相应的站点。服务机器人控制界面如图4-57所示。

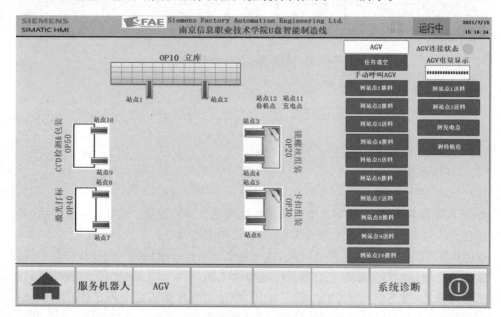

图4-56 主控系统AGV的控制界面

主控系统还有系统诊断界面,如图4-58所示,可以获取PLC运行状态、CPU故障报警、网络状态、模板状态等信息。

2) 立体仓库系统

立体仓库系统主要对U盘的物料、产品进行存储,具有一条基于机器视觉检测的进料运输线、三条出口运输线,还有负责上下料的工业机器人。同时结合WMS仓储管理系统实时显示订单信息和库存信息,立体仓库系统的有关界面如图4-59~图4-62所示。

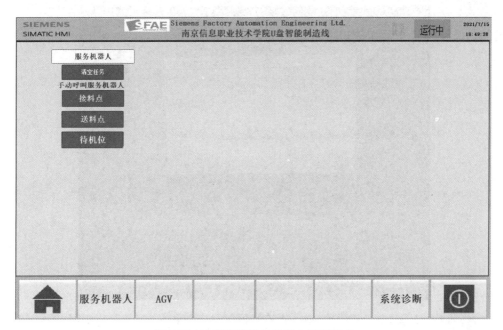

图 4-57 主控系统服务机器人控制界面

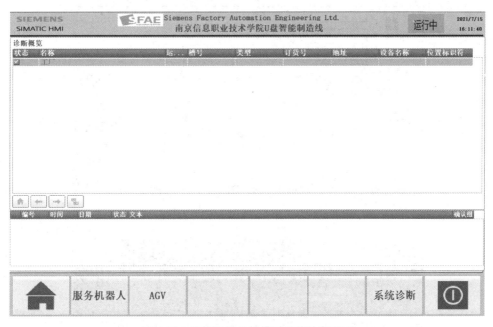

图 4-58 主控系统的触摸屏系统诊断界面

立体仓库系统开始工作时,把触摸屏上的"手/自动切换"按钮切换至手动模式(绿色为手动模式);长按触摸屏上的"初始化"按钮,直至屏上的绿色按钮变为红色;按下"复位"按钮,对设备进行初始化,直至"初始化"按钮由红色变为绿色,表示初始化完成;把触摸屏上"手/自动切换"按钮切换至自动模式(红色为自动模式);此时"启动"按钮灯会一直闪烁,设备进入待运行状态,按下"启动"按钮,设备进入运行状态,等待 WMS 或 MES 下订单。

图 4-59 立体仓库系统人机交互系统

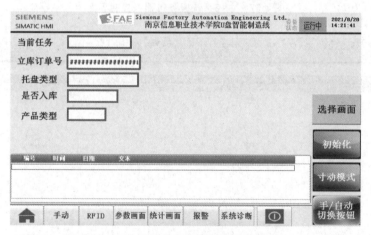

图 4-60 立体仓库系统触摸屏主界面

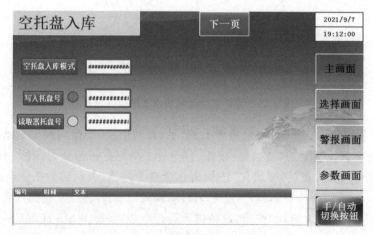

图 4-61 立体仓库系统触摸屏选择界面

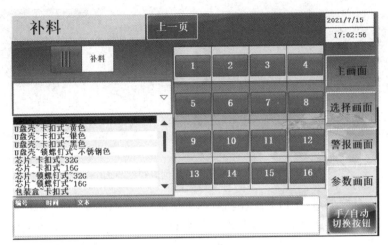

图 4-62 立体仓库系统触摸屏补料界面

智能产线各工作站的界面较为相似,以立体仓库系统为例,主界面中有"初始化""寸动模式""手/自动切换"按钮。主界面显示立体库当前任务的基本信息、系统运行状态显示;在设备无故障报警后,把"手/自动切换"按钮切换至自动模式,这时按下"寸动模式"按钮,触摸屏下方的机械"启动"按钮灯在闪烁,每按下一次"启动"按钮,单步动作一次。

仓库系统的空托盘操作界面主要用于托盘首次入库,读取当前在线的托盘信息,写入托盘号及托盘类型。

执行托盘入库操作:第一步,系统选择自动模式,即单击"手/自动切换"按钮(红色为自动,绿色为手动),按下"启动"按钮,设备处于运行状态;第二步,单击"空托盘入库模式"按钮;第三步,在托盘号文本框内输入托盘编号,长按"写入托盘号"按钮,入库传输线工作,由巷道码垛机将托盘入库,并记录至 WMS 系统中。

当智能产线的物料需要补充时,MES 或 WMS 下单会提示缺少物料或物料不足需进行人工补料。补料操作时,首先选择所需补的物料种类,双击"补料"按钮,等待托盘到达补料点,补料完成,根据实际补料的穴位信息,单击对应的补料穴位确认按钮;然后按下左手边投料按钮,流水线启动,进行相机拍照;相机拍照完成后,界面显示 OK,则等待立体库补料完成,界面显示 NG,则流水线反转人工补料,重新确认。

立体仓库系统的巷道码垛机采用伺服电动机驱动,为了能够手动调试和取/送物料或成品,设置了伺服控制界面。伺服控制界面具有三个功能:点动功能,JOG+或者 JOG-分别向不同的方向移动;回零功能,在下拉条框中选择原点,单击"定位"按钮;一键回零功能,直接单击 Home 键,回零点。回零、一键回零功能在手动模式且轴处于使能状态下有效。其界面如图 4-63 所示,可以在界面上观察每个轴的状态显示,还可以调整各个轴的位置。

立体仓库系统和上下料机器人上有很多气缸,为便于设备调试和后续故障处理,立体仓库系统设有气缸手动控制按键,同时设置有传输带的控制按键。

3) U 盘装配工作站

依据 U 盘的类型不同,智能产线的装配工作站分为锁螺钉式工作站和卡扣式工作站。两者除了在工业机器人上差异较大外,其他基本类似。以锁螺钉式工作站为例介绍工作站的基本操作和人机交互系统。

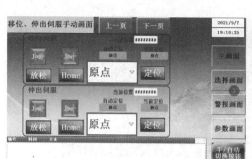

图 4-63 立体仓库系统伺服控制界面

与立体仓库系统类似,在组装工作站进入待机前,首先确保设备气源已接通,机器人"急停"按钮和设备"急停"按钮处于抬起状态,所有安全门均已关好;复位指示灯在闪烁,按下"复位"按钮对安全模块进行复位,直至不再闪烁;机器人控制器切换至自动模式;参照立体仓库系统,完成初始化、复位和手自动切换。锁螺钉式 U 盘组装工作站主界面如图 4-64 所示。

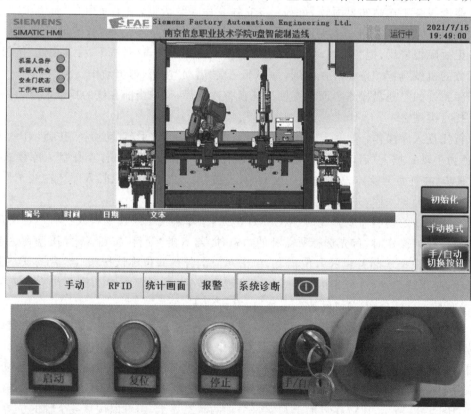

图 4-64 锁螺钉式 U 盘组装工作站主界面

锁螺钉型工作站基础操作

U 盘装配工作站的触摸屏主界面上的功能按键、手动、系统诊断等界面,与立体仓储系统类似,在此不再赘述。

4)个性化定制工作站

个性化定制工作站与立体仓库系统、装配工作站有很多类似之处,在此不再展开详细介绍。在个性化定制工作站中,采用激光打标机进行产品信息的加工制作。激光打标机采用工控机控制,智能产线总控系统通过 MES 系统将产品信息发送至激光打标机的工控机中,完成个性化定制。激光打标机操作界面如图 4-65 所示。

图 4-65　激光打标机操作界面

设备上电后打标机工控机系统自启,打标软件自启,等待激光软件自启完成,首先单击"复位"按钮,与 PLC 建立连接,然后单击"启动"按钮,完成激光打标机启动,等待 MES 系统的订单任务下发。

5)检测包装工作站

检测包装工作站的功能是对前面工作站加工的产品进行质量检测。本工作站采用的是机器视觉,机器视觉采用的是工控机型。系统开机后,会自动运行开机程序,进入视觉检测界面。

3. 智能产线维护

为保障智能产线正常运行,其各工作站需要做好日常维护。智能产线的主要设备包括工业机器人、巷道码垛机、数控加工中心、传输线、气源系统、移动机器人等。智能产线的检查与维护内容如表 4-6 所示。

表 4-6　智能产线的检查与维护内容

周期	检查与维护内容
日	气体流量是否正常
	检查传送机构,包括传送速度、噪声等故障,有无异常报警
	润滑工业机械手
	末端执行器是否正常夹紧和关闭
	数控加工中心卡爪是否能正常开闭
	检查气管、气缸是否有漏气现象
	检查传感器是否正常
	测试工业机器人 TCP

续表

周期	检查与维护内容
周	擦洗工业机器人各轴
	检查 TCP 的精度
	检查工业机器人各轴零件是否准确
	清理压缩空气进气口处的过滤网
	检查数控加工中心润滑油的油位
	清理数控加工中心废料传送带过滤网
	检查散热风扇、清洁控制器内部
	检查电控箱内部，清扫灰尘。检查接线端子、继电器插头、电路板上的电子元器件是否有松动或松脱
月	清洁散热风扇
	检查螺钉、螺母等紧固件的预紧情况，如有松动需立刻紧固
	检查电压、电流的变动，以及地线的有无，如有异常需停机检查
	检查密封圈完好情况，如发现密封圈破损应及时更换，如发现脱落应及时复位
	检查电磁阀、气管接头、气缸等的使用状况，如有损坏，请及时进行更换
	润滑工业机器人各关节
	润滑数控加工中心导轨

智能产线常见故障问题及解决方法如下。

气缸出/回故障：检查气缸上的动点感应器是否到位、气缸是否动作到位、指示灯是否亮，如果气缸已推到位，感应器仍然不亮，请检查感应器线路是否有松动、是否有 24V 电源及感应器是否损坏。

RFID 读/写故障：按"复位"按钮，RFID 复位。

【任务回顾】

1. 知识点总结

（1）智能制造系统一般包含可编程控制器、工业机器人、伺服系统、移动机器人技术、机器视觉、液压与气动技术、先进传感器技术等。

（2）U 盘智能产线主要包括立体仓库系统、机器人上下料数控加工系统、智能组装工作站、个性化定制加工工作站、检测包装工作站、移动机器人等。

（3）工业机器人一般由机械系统、控制系统与示教器三部分组成。

（4）机器视觉系统一般包括图像采集、图像分析处理、信息输出三部分，主要由镜头、光源、控制与处理单元组成。

2. 思考与练习

（1）服务机器人的基本概念是什么？其主要应用于哪些领域？

（2）自动化立体仓库的机械结构主要有哪些部分？电气控制系统主要包括哪些？

（3）立体仓库系统的设计主要包括哪些方面？

（4）WMS 仓库管理系统主要有哪些功能模块？

（5）为什么光源是影响机器视觉系统输入的重要因素？

（6）基于视觉检测的上料系统的优势有哪些？

(7) RFID 技术的工作原理是什么？应用时有哪些注意事项？

(8) 机器人示教器在使用过程中要注意哪些内容？

(9) 工业机器人的末端执行为什么要采用快换装置？快换装置的优势有哪些？

(10) 数控机床主要有哪些部分组成？各部分的作用是什么？

任务 4.2 高级计划与排程

【任务描述】

高级计划与排程

在企业生产过程中，一定会遇到客户"插队"现象。例如智能产线中正在生产客户 A 的产品订单，但与企业长期合作的客户 B 确定了一份紧急订单，需要企业尽快完成订单交付。面对长期合作的大客户和长久利益，生产企业也往往会想办法优先解决大客户 B 订单需求，但也顾及客户 A 的订单交付时间。制造企业有时还会遇到更复杂的订单纠纷，那如何在不影响企业信誉和利益的前提下，安排好不同客户订单的优先级呢？目前在智能制造行业，已经有专业系统软件来帮助企业解决类似难题。

【知识学习】

4.2.1 APS 基础

高级计划与排程（Advanced Planning and Scheduling，APS）系统主要用于解决生产排程和生产调度中的排序或资源分配问题。在离散行业，APS 系统能解决多工序、多资源的优化调度问题；在流程行业，APS 系统能解决顺序优化问题，还能为离散和流程的混合模型同时解决顺序和调度的优化问题。APS 系统在解决项目管理和制造中的成本及时间问题中具有重要意义。

当今制造业正面临"智改数转"升级，数字化正在改变一切，要求制造企业必须对突如其来的变化作出快速响应，同时要求在交付周期内尽早满足客户的产品需求。无论是大型企业还是中小型企业都会遇到订单问题。APS 软件系统使用高级算法平衡了需求和产能，计划解决在什么时间什么地点，采用什么资源，生产什么产品以及生产多少量的问题，在生产排程中依据现有的生产资源约束及排程规则，按照什么样的顺序执行生产且优化生产中可遇见的问题，从而生成能够完成的生产计划。

在智能工厂、数字化车间体系下，APS 系统起到了数据互联的关键作用，实现 ERP 系统与 MES 系统、PLM 系统与 WMS 系统间的信息交互，如图 4-66 所示。来自 ERP 系统的订单，通过 APS 系统"指挥中心"优化后发给 MES 制造执行系统，MES 制造执行系统又会将执行结果反馈给 APS 系统以修正计划偏差；PLM 系统提供的数据信息支撑 APS 系统计划模型的精准度，WMS 系统提供给 APS 系统物料信息以确保计划的可行性。ERP、MES 和 PLM 系统的数据信息互联互通，让 APS 系统成为智能制造的指挥中心和大脑。收集各系统数据，优化计算结果，指挥生产、仓库、物流、供应商，协同起来更好地服务企业客户。

通过 APS 系统软件的用户界面，使用者可访问所有 Opcenter APS 模块（如排序器、编辑器、数据传输选项等），也可直观地查看 Opcenter APS 窗口组织和相关选项。APS 软件

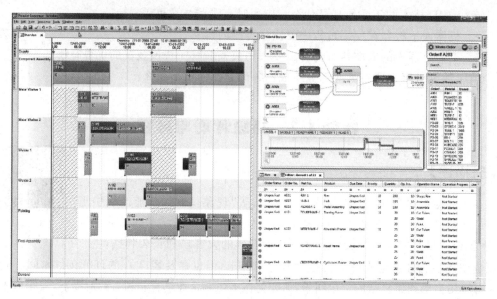

图 4-66 APS 系统界面及数据模型

窗口分为以下三种类型。

(1) 导航窗格：包括数据维护、配置、帮助和支持。从导航窗格中选择一个项目，将在与该项目关联的活动窗格中展现一个选项列表。

(2) 活动窗格：包含许多与导航项相关联的选项。这通常提供 Opcenter APS 中预期的所有日常活动，包括一个通用子类别，提供"排产序列"和"排产计划"的入口，用于导入/导出订单的数据传输类别。

(3) 工作窗格：通常显示在导航/活动窗格中选择的用于编辑的数据，或从导航/活动窗格中选择的与功能相关联的一组任务。APS 窗口界面如图 4-67 所示。

4.2.2 APS 的发展历程

自 20 世纪 40 年代以来，制造企业一直研究如何用数学方法进行精确计算来安排生产计划。高级计划排程的主要思想早在计算机出现之前就已经出现了。对 APS 贡献最大是甘特图和运用数学规划模型解决计划问题。

随着全球制造业的跨区域发展，制造过程的中问题变得越来越复杂，影响企业制造的变量因素数以万计。虽然线性规划等技术也可以延伸处理更加复杂的问题，但仍然不能满足企业的需要。因此，大部分公司在内部开发自己的 APS 系统，还有一些公司则在购买的解决线性规划问题的程序基础上进行二次开发。

20 世纪 60 年代中期，IBM 公司开发了基于产品结构分解的 MRP 系统，并在 70 年代发展为闭环 MRP 系统，除了物料需求计划外，还将生产能力需求计划、车间作业计划和采购作业计划全部纳入 MRP 系统，从而形成一个封闭的系统。这为 80 年代 MRP Ⅱ 系统的出现奠定了基础，但实际上 MRP Ⅱ 系统的闭环需要预设提前期、无限制的产能计划排产与无约束的物料计划，故只能是手动闭环，难以匹配实际复杂的动态的制造环境。

随着模拟技术进入计划领域，基于模拟的计划工具开始出现。到 20 世纪 80 年代初，轮

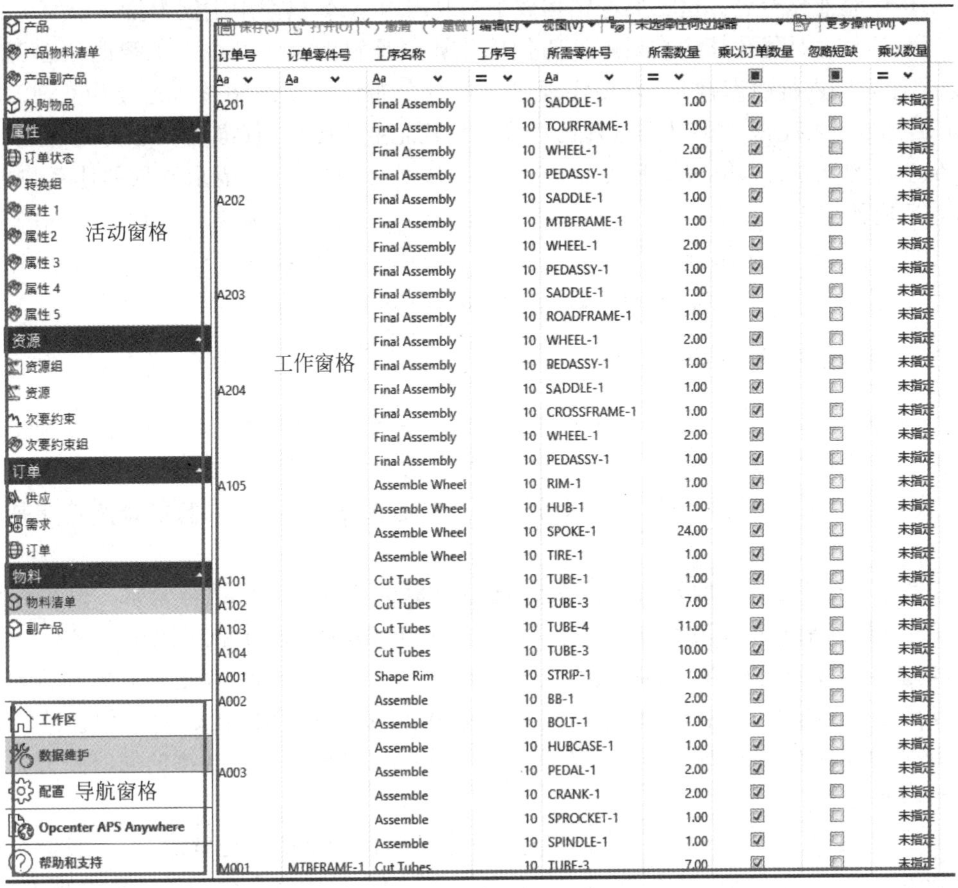

图 4-67　APS 窗口界面

胎制造商和烟草公司开始应用计划和排程系统。随后快速 MRP 的模拟技术将复杂的生产作业在计算机上模拟处理运算,使得制造企业完成生产计划的排程时间从原来的 20 多个小时减少至 4 个小时,大大缩短了计划运行时间。

1984 年,卡马卡(Karmarkar)算法使得线性规划求解有了突破性进展。巴斯夫等许多大型化工公司和航空公司开始积极使用计划和排程系统。而数据库技术(SQL)的引进实现了 APS 工具和关系型数据库动态的信息交互。1990 年初,消费品公司 CPG 开始引入 APS 系统,随后电子装配、金属品制造等离散制造领域也纷纷跟进。半导体领域 IBM、Intel、TI、Harris 公司等成为 APS 发展的重要推手。

随着 APS 引擎的成熟,使理论化的数学解析计划方法达到了实用程度,生产计划方法不断迭代,ERP 随之完善,功能也扩充优化。随着 APS 市场的快速成长,许多专家认为 APS 必须嵌入 ERP 系统,一些厂商也纷纷跟进开发嵌入 ERP 系统的 APS 模块。近些年来,国外的 ERP 软件大部分有了与之集成的 APS 引擎。同样 MES 也把 APS 纳入自己的制造板块,如 GE 收购了合作伙伴 Novotech 的 Scheduler,西门子收购了 Preactor,钢铁行业 MES 巨头 PSI 兼并了钢铁行业的 APS Broner。

从 21 世纪初开始,一些国内高校研究者将 APS 的理论从高校实验室里应用到企业,也有海外的 APS 实践者们纷纷回到国内进行 APS 应用推广,同时值得关注的还有一些实践

APS 的国内企业先行者。这三类群体构成了当时国内 APS 热潮中主流力量。

APS 的核心是优化算法。最新第四代优化算法是智能算法融合人工智能动态调整算法,以智能算法进行静态排程,以多代理协商进行分布计算动态调整。迄今为止,以 MPS 和 MRP 运算为核心思想的计划管理已经成为现代企业 ERP 的标准和核心功能,但依然难以满足企业的计划管理需求。其实 MPS 主生产计划和 MRP 物料需求计划的体系与方式,已很难适应按需生产环境,尤其无法适应大规模个性化定制的工业 4.0 时代。而 APS 可以综合考虑产能、工装、加工批次等约束,并能结合 MES 实现滚动排产。这也说明了为什么在工业 4.0 时代,MES 系统和 APS 系统比 ERP 系统更被厂商所采用。

4.2.3 APS 的行业应用

APS 分为供应链级的 APS 和工厂级的 APS。早期车间控制、工单下达、进度和工时汇总反馈主要靠人工完成,但随着制造精益化、数字化的发展,逐步开发出 MES 制造执行系统,取代人工实现自动化的车间生产执行管理。因此 APS 和 MES 在智能排产功能是有重叠的。

在数字化经济,APS 的发展呈现多元化。一是与 ERP、MES 结合紧密。值得注意的是,APS 的数据来源正在发生变革,从早期的来源于 ERP 到现在的来源于 MES 系统,且 MES 制造执行系统已成为一个巨大的数据发源池。二是与多品种、小批量订单制造和项目制造相结合。实际上,只有 APS 才能实现多品种、小批量的个性化定制计划模式。由于 APS 服务的间歇性,国内外已经有企业在部署 SaaS 的 APS,在提高效率的同时降低企业对计划排产的投资。

尽管 APS 具有强大的功能,非常适合于供应链整体计划的问题解决,但在我国企业管理实际中,APS 应用仍然存在一些阻力。例如 APS 功能的发挥主要在供应链管理上,而我国企业的供应链管理还停留在初级阶段,对供应链竞争的意识较为模糊,造成 APS 难以找到真正的用武之地。企业内部信息化基础数据、流程、计划体系薄弱,而 APS 的运行需要有 ERP、MES、PLM 等系统提供的数据支持,造成项目实施效果不好。

尽管如此,随着市场对大规模个性化定制的需求不断增加,APS 也会逐渐成为离散制造行业智能工厂的重要中枢,如烟草行业、大规模个性化生产的汽车和家电行业。同时预计未来三到五年内,随着个性化需求逐渐成为市场主流需求,APS 在我国的应用将进入大量实施阶段,真正成为智能工厂的指挥中心。

【任务实施】

4.2.4 APS 的功能

1. 产品配置

在数字孪生 U 盘智能产线系统中,产品数据主要由产品物料清单、产品外购件和副产品构成。其中,包括工艺路线的详细信息,以及制造产品的操作步骤、操作时间、设置时间、显示信息等。

Opcenter APS 系统 U 盘智能产线排程教案

APS 可用于存储物料路线和物料清单数据的模板。它们保存在产品和产品物料清单表中,在已购买的物品表中存储购买物品的信息。当与其他业务系统结合使用时,不需要在系统中存储这些数据,因此物料清单和已购物品表使用是可选的。当系统未链接到可使用调度特定数据或订单查询工具的业务系统时,这些表也可用于扩展手动输入数据或导入订单信息。

新建产品,单击插入"产品"按钮,弹出"产品"对话框。根据自定义要求,在"产品"对话框内,零件号文本框中输入 PSCC032G01,产品文本框中输入"U 盘~锁螺钉式~不锈钢色~32G",利润、工序号、工序名称等文本框中输入相应信息,并在资源、工序时间、属性等参数选项中依次选定所需要的参数,如图 4-68 所示。

2. 产品物料清单

产品物料清单(BOM)保存有关产品表中 BOM 要求的信息。它是一个零件到零件的物料清单,当订单从产品工艺路线扩展到生成物料清单的订单特定实例中时使用。

创建物料清单,单击插入"产品物料清单"按钮,弹出"产品物料清单"对话框,选择已创建好的"父零件",依次在零件号、工序名称、工序号、所需零件号、所需数量的文本框中输入相关信息,勾选"乘以订单数量"复选框,完成创建,输入信息如图 4-69 所示。

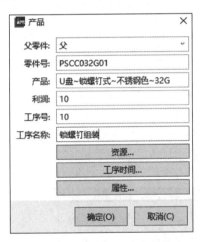

图 4-68 锁螺钉式 U 盘产品信息

图 4-69 产品物料清单创建界面

3. 副产品和外购物品

创建副产品,在"产品副产品"对话框中的零件号下拉菜单中选择 PSCC032G01,工序名称文本框中输入"锁螺钉组装"、工序号文本框中输入 10、副产品的下拉菜单选择 Metal strip,在数量文本框输入 1.00,勾选"乘以订单数量"复选框。

在"外购物品"对话框中的零件号、说明、最小重新订购量和重新订购倍数的文本框中输入相应的属性参数,其中包括字符串属性和表属性,如图 4-70 所示。

4. 属性配置

属性配置用于表述订单的某一状态,并定义其序列和颜色。优先顺序即与属性相关联的排名,可按基于资源的高级调度规则和按首选顺序对其进行调度。属性可分为基于表述表格、数字、日期和持续时间四种类型。条形颜色用于确定在甘特图上分配给匹配属性值的颜色。

在数据维护窗口属性级联菜单中的订单状态对话框,用户可定义其排名和颜色。在订单状态名称、说明、排名的文本框输入相关信息,在颜色的下拉菜单中选择对应内容,如图 4-71 所示。

图 4-70 副产品和外购物品创建界面

图 4-71 属性配置创建界面

换组表提供了使用操作属性来用于依赖于序列设置时间的机会。在表中创建记录时，可以记录仅当针对操作的每个基于表的属性的值发生更改时才会发生的转换时间。使用此设置可对复合转换时间进行建模，这些转换时间可以应用于不同的资源或资源组。

转换组内的属性 1~5 可自定义其转换矩阵的参数，由属性的 to 和 from 值矩阵表示，允许根据操作对该属性具有的特定值进行不同的转换，如图 4-72 所示。

新创建属性，如创建属性 1 的转换时间，定义名称为 Blue、排名为 1，并确定次要约束和有效资源，如图 4-73 所示。

有效资源：对于基于特定表的属性操作，当用于建模一个场景，且其中有多个订单基于相同的基本属性时，可使用相同的资源组，但组内资源具有不同有效的属性。

次要约束：用于对调度过程中没有任何其他约束进行资源建模。将次要约束分配给属性，然后每次具有该属性集的操作都会使用该属性。

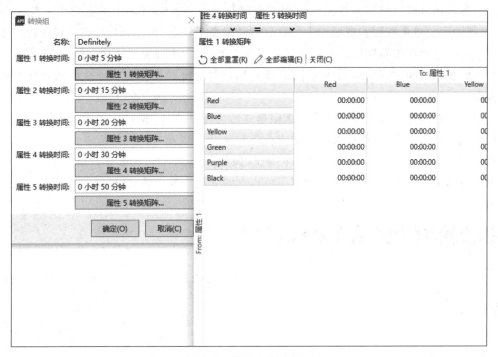

图 4-72　转换组创建界面

图 4-73　新创建属性 1 界面

5．资源组

APS 调度系统的关键是资源数据。输入资源表中的信息将成为排程器内甘特图垂直轴上的信息，还能成为系统订单和操作处理的主要约束条件，如图 4-74 所示。

资源组是一种将主要资源分配到组中的方法。在 APS 系统中，创建资源组有两个目的。一是设置通用资源组，则对应操作的有效资源限制为该组中包含的时间，这些组可事先定义并导入 APS 系统中。二是设置不直接分配给任何操作但用于显示目的的资源组。例如，建立与要素的特定区域相关但包含不同类型的资源组，能快速过滤甘特图显示到该区域。

资源表示方式由资源表控制。甘特图分隔符字段是在甘特图上的资源下方绘制一条线，以帮助区分单个资源和资源组。"显示顺序"定义了资源的显示顺序，该字段通过设置相对值然后按它对编辑器网格中的记录进行排序来使用。"资源显示选项字段"确定资源在甘特图中的显示时间，"资源显示样式字段"确定用户对资源的操作是以堆叠模式还是级联模式显示。

资源的操作分为有限模式行为和无限模式行为两种，有限模式行为意味着资源在任何时候只能处理一个操作，该资源的其他工作将排队并在资源可用时放置在该资源上。无限模式行为意味着资源可以同时处理多个操作，如图 4-75 所示。在大多数情况下，无限模式与资源的附加约束相结合，该约束决定了可以同时处理的操作数，无限模式资源可以配置为考虑轮班模式或忽略。

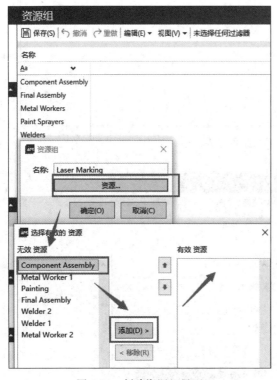

图 4-74　创建资源组界面

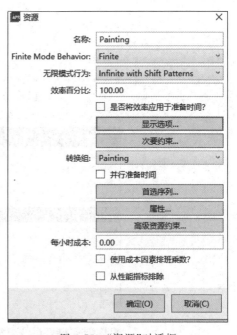

图 4-75　"资源"对话框

默认情况下，排序器在有限模式下运行，因此这些设置主要针对日常使用进行配置。而排序器无限模式允许规划者识别过度使用和瓶颈的区域。

除了包含资源本身，以下调度属性也在资源表中定义。

（1）与资源相关的任何附加约束。可以在二级约束帮助文件中找到如何设置这些详细信息。

（2）显示设置和转换时间设置与该资源相关联，以及它们是同时应用还是累积应用。

（3）利用成本以及该成本是否需要考虑资源日历中的效率信息。

6．次要约束和次要约束组

次要约束用于对排程过程中主要资源的无限模式行为进行创建，包括每小时成本和排班等因素。当与无限容量资源结合使用时,还可用于创建资源容量。

日历效果字段用于约束与主要资源日历交互设置。选项及效果的详细信息包含在每个选项可用的工具提示栏中。当排序器在有限模式或无限模式下运行时,可以约束设置参数值。无限模式的默认设置是无约束。

除了设置约束调度行为的字段之外,还可以设置约束图的显示选项、操作成本及其关联的其他属性。一旦在次要约束表中创建了约束,还需要进行一些额外设置来配置约束使用。约束可以分配给资源、操作、操作属性、特定资源/操作组合。

除了使用次要约束外,还可以创建可应用于资源或操作的次要约束组,如图 4-76 所示。创建次要约束组允许 APS 从次要约束列表中进行选择,其方式与主要资源选择的方式类似。例如,单个操作员创建具有多种技能的场景时,如果采用"单个次要约束"设置可能会导致过度使用;如果采用"二级约束组"设置,该组内的任何约束都可以排序,有助于确保资源不短缺。生成计划时,任何已分配次要约束组的记录,APS 系统将自动填充已从组中选择的分配的次要约束,但需要手动来更改次要约束。

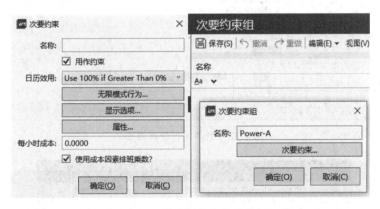

图 4-76 次要约束和次要约束组

7. 工单配置管理

需求订单保存最终需要的订单,如销售或库存订单,这些订单不使用资源,它们是成品订单,"需求日期"字段用于设置何时需要材料。

供应订单保存不利用资源的当前或未来生产的订单。例如,从不同工厂订购零件的采购订单,或使用已制造零件的库存订单,"供应日期"字段用于定义材料何时可供消耗。

供应订单区域用于直观地显示供应订单何时可供消费。需求订单是将要求的材料以满足需求日期直观地显示出来。在甘特图内提供了一个接入点,供给或需求订单在各自的区域都可被查看,如图 4-77 所示。

工单订单是在甘特图上资源区域中安排的订单。通常零件订单组合在一起会产生最终产品,供需求订单表中的订单使用,如图 4-78 所示。

订单中大部分字段来源于之前建立的资源、零件号、工序等参数。"订单日期时间"为设置操作的标准设置时间和处理时间。"处理时间"可单独为每个订单设置操作时间、速率或批处理时间,也可以设置在操作和前序操作间的松弛时间,还可以针对每个操作设置一个传递缓冲区。当向后调度时,交付缓冲区将阻止在截止日期之前的指定时间内调度操作。

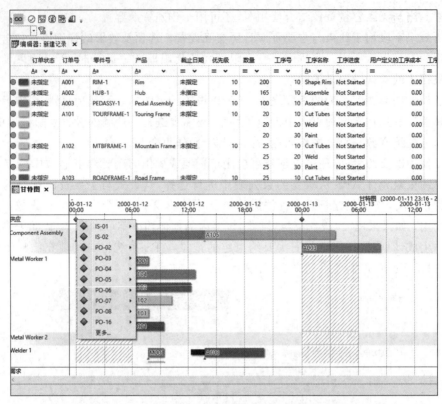

图 4-77 工单配置管理界面

图 4-78 订单管理界面

8. 生产排程

在 APS 系统的窗口内,可通过生产排程操作修改订单的排程或创建新排程。单击"生产排程"按钮或按 F10 键生成新排程,由此可查看生产的甘特图。甘特图的纵轴描绘了加载操作的可用资源,横轴显示了这些可用资源被安排的时间范围,如图 4-79 所示。

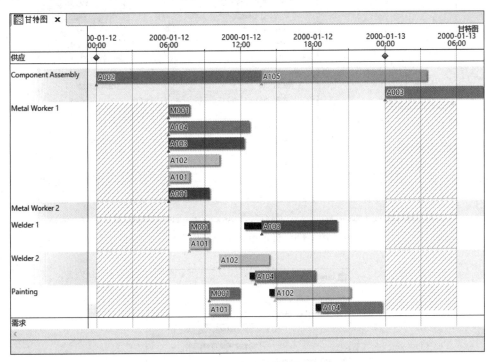

图 4-79 生产排程管理界面

计划操作的持续时间由彩色甘特条的长度表示,可单击这些甘特条并将其拖动到甘特图上的新位置(通过编辑器窗口中的操作预览图标)。如果新工作违反现有计划约束,则会显示警告消息。

将鼠标指针停留在甘特条上会提示有关操作信息的工具,通过双击甘特条显示"编辑订单信息"对话框用来获得更多信息,允许更新或修改数据。

对于甘特图的显示班次模式,操作员可以使用工具栏选项在不同日历显示方式下切换。通过引入加班工作或机器故障时间等进行甘特图修改日历的操作。

甘特图操作:可以使用"视图"命令和工具栏中的"缩放"选项放大甘特图两个轴。单击"非计划操作"窗口中的操作图标或甘特图中的条形图,或在窗口中选择要操作的状态图标,按住鼠标将其拖到序列甘特图中所需的位置后松开按钮。在拖动操作时,如果轮班模式或效率在整个过程和设置时间内发生变化,则甘特图条的长度将发生变化。双击"工作订单",即可查看该订单下的相关信息,如图 4-80 所示。

9. 配置管理

1)排序器配置

"排序器配置"对话框包括历史计划期、未来计划期、默认最早开始日期偏差等参数,如图 4-81 所示,部分参数含义如下。

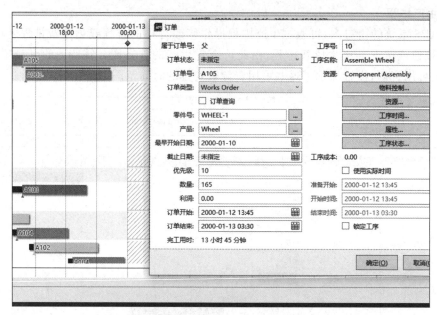

图 4-80 订单中甘特图操作界面

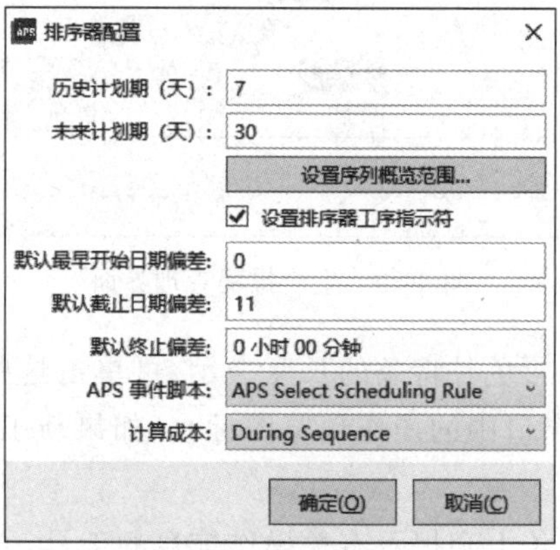

图 4-81 "排序器配置"对话框

历史计划期：定义序列甘特图中向后拖的时间段。

未来计划期：APS 系统允许订单按顺序排列到未来的时间段，即计划范围。当排序器初始化时，它会为所有资源创建轮班模式，直到计划范围结束。如果规划很长，那么初始化定序器需要更长的时间。

设置序列概览范围：用于自定义序列甘特图中显示的周期。

设置排序器工序指示符：将每个操作切换显示为黑色小三角形，从而更容易拖动甘特图的显示操作。

默认最早开始日期偏差：当在编辑器中输入新订单时，它们将自动分配一个"最早开始日期"，即无法安排订单的第一次操作的时间。"默认最早开始日期偏差"使用订单的输入时间和偏差时间分配值。设置为 0 意味着将尽快加载第一个操作。设置为 1（1 天）意味着第一个操作将在当前时间＋1 天后加载。

默认截止日期偏差：类似于默认最早开始日期偏差，不同之处在于它定义了用于设置订单交货日期的偏差量。

默认终止偏差：终止符是当前时间，在从甘特图中删除操作时在定序器中使用。通常不会删除任何跨越终止符的操作。

APS事件脚本：允许定义导入/导出脚本、自定义按钮、自定义方法等，并通过系统标准配置与ERP/MES系统无缝对接，旨在从产品、时间维度展示计划结果。

计算成本：定义何时进行成本计算的下拉菜单。

2）表与字段设置

编辑器分为三个面板。左侧面板显示用户定义表和系统表的列表，要编辑任何设置，需要从列表中选择一个表。可以通过滚动列表或使用表格列表上方的过滤器框找到表格。选择表格后，"表格"列底部的属性编辑器将启用。属性编辑器允许用户更改表的显示名称（这是在编辑器以及在工作区中导航时显示的名称）。

中央字段列允许用户从选定的表中选择一个字段。一旦从左列中选取一个表，它就会被启用。

列顶部有一个过滤器框，允许不区分大小写的过滤器（见图4-82）。列底部还有三个选项卡，允许用户在对话框上显示的字段、工具提示上显示的字段和所有字段的列表之间切换。选择一个字段会使用该字段的属性填充最后的右侧列。

"对话框字段"选项卡允许用户在编辑器对话框中添加或删除字段。可以从"默认"对话框（编辑记录时最初显示的对话框）或子对话框中删除字段。

图4-82 "表&字段设置"对话框

> **积极面对问题,勇敢应对挑战**
>
> 在现代社会,数字化正在改变一切,制造商必须对突如其来的变化做出快速反应,同时能够应对更短的交付周期并满足客户的需求。我们在生活和学习中也难免会遇到各种问题,我们应该积极面对问题,勇敢应对挑战。

【任务回顾】

1. 知识点总结

(1) APS 是解决生产排程和生产调度问题,即排序问题或资源分配问题。

(2) APS 能实现多品种、小批量的个性化定制计划模式。

(3) APS 软件的功能模块及指令控件使用中的注意事项。

2. 思考与练习

(1) APS 分为_____的 APS 和_____的 APS 两类。

(2) APS 可用于存储物料_____和物料清单_____的模板。

(3) 转换组依据其属性表的属性的_____和_____值矩阵表示,允许根据所讨论的操作对该属性具有的特定值进行不同的转换。

(4) 甘特图分隔符字段指定是否在甘特图上的资源下方绘制一条线,以帮助区分单个_____或_____。

(5) 工单配置管理中需求订单即_____。

(6) 工单配置管理中供应订单即_____。

(7) 将鼠标指针停留在甘特条上会激活提供有关操作信息的_____。

(8) 双击甘特条显示编辑订单信息对话框可以获得更多信息,该对话框允许_____。

任务 4.3 制造执行系统

【任务描述】

人机料法环是全面质量管理理论中的五个影响产品质量的主要因素简称,在制造企业生产过程中,要正确处理好这五个因素关系。制造执行系统(MES)可以满足企业在信息化生产管理领域不同规划阶段的要求,在继承的基础上实现信息化过程的平稳过渡并逐步提高。MES 是一套面向制造企业车间执行层的生产信息化管理系统,为企业提供制造数据、计划排程、生产调度、库存等管理模块,为企业打造一个扎实、可靠、全面、可行的制造协同管理平台。

【知识学习】

4.3.1 MES 基础

制造执行系统协会对 MES 的定义:MES 能通过信息传递对从订单下

制造执行系统

达到产品完成的整个生产过程进行优化管理。当工厂发生实时事件时,MES 能及时做出反应、报告,并用当前的准确数据对其进行指导和处理。MES 能有效地指导工厂的生产运作过程,从而既提高工厂及时交货能力,改善物料的流通性能,又提高生产回报率。MES 还通过双向的直接通信在企业内部和整个产品供应链中提供有关产品行为的关键任务信息。

MES 是对整个车间制造过程的优化,而不是单一地解决某个生产瓶颈;MES 必须具有提供实时收集生产过程中数据并做出相应的分析和处理的功能;MES 需要与计划层和控制层进行信息交互,通过企业的连续信息流实现企业信息全集成。

1. MES 系统组成

MES 系统主要包括车间资源管理、库存管理、生产过程管理、生产任务管理、生产计划与排产管理、物料跟踪管理、质量过程管理、生产监控管理、统计分析功能模块,如图 4-83 所示。每个功能单元面向车间生产管理的不同管理方向。

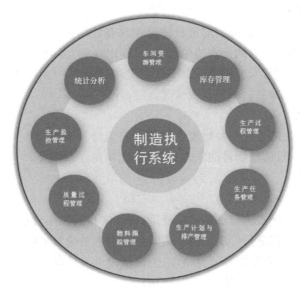

图 4-83　MES 系统功能

1)车间资源管理

车间资源是车间制造生产的基础,也是 MES 系统运行的基础。车间资源管理主要对车间人员、设备、工装、物料和工时等进行管理,保证生产正常进行,并提供资源使用情况的历史记录和实时状态信息。

2)库存管理

库存管理是针对车间内的所有库存物资进行管理。车间内物资有自制件、外协件、外购件、工装和周转原材料等。其功能包括通过库存管理实现库房存储物资检索,查询当前库存情况及历史记录;提供库存盘点与库房调拨功能,对于原材料、刀具和工装等库存量不足时,设置报警;提供库房零部件的出入库操作,包括工装的借入、归还、报修和报废等操作。

3)生产过程管理

生产过程管理实现生产过程的闭环可视化控制,以减少等待时间、库存和过量生产等浪费。生产过程中采用条码、触摸屏和设备数据采集等多种方式实时跟踪计划生产进度。生产过程管理目的是控制生产,实施并执行生产调度,追踪车间里工作和工件的状态,对于当前没有能力加工的工序可外协处理。实现工序派工、工序外协和配套等管理功能，可通过看板实时显示车间现场信息以及任务进展信息等。

4）生产任务管理

生产任务管理包括生产任务接收与管理、进度展示和查询等功能。提供所有项目信息，查询指定项目，并展示项目的全部生产周期及完成情况。以日、周和月为周期提供生产进度展示，以颜色区分任务所处阶段，对项目任务实时跟踪。

5）生产计划与排产管理

生产计划是车间生产管理的重点和难点。提高排产效率和生产计划准确性是优化生产流程以及改进生产管理水平的重要手段。

车间接收主生产计划，根据当前的生产状况（能力、生产准备和在制任务等）、生产准备条件（图纸、工装和材料等）及项目优先级及计划完成时间等要素，合理制订生产加工计划，监督生产进度和执行状态。

高级排产系统结合车间资源实时负荷情况和现有计划执行进度，能力平衡后形成优化的详细排产计划，并充分考虑到设备的生产能力，根据现场实际情况随时调整。在完成自动排产后，可进行计划评估与人工调整。在小批量、多品种和多工序的生产环境中，利用高级排产系统可以迅速应对紧急插单的复杂情况。

6）物料跟踪管理

通过条码技术对生产过程中的物流进行管理和追踪。物料在生产过程中，通过条码扫描跟踪物料的在线状态，监控物料的流转过程，保证物料在车间生产过程中快速高效流转，并可随时查询。

7）质量过程管理

生产制造过程的工序检验与产品质量管理，能够实现对工序检验与产品质量过程追溯，对不合格品以及整改过程进行严格控制。实现生产过程关键要素的全面记录以及完备的质量追溯，准确统计产品的合格率和不合格率，为质量改进提供量化指标。根据产品质量分析结果，对出厂产品进行预防性维护。

8）生产监控管理

从生产计划进度和设备运转情况等多维度对生产过程进行监控，实现对车间报警信息的管理，包括设备故障、人员缺勤、质量及其他原因的报警信息，及时发现问题、汇报问题并处理问题，从而保证生产过程顺利并受控。结合分布式数字控制系统进行设备联网和数据采集，实现设备监控，提高瓶颈设备利用率。

9）统计分析

能对生产过程中产生的数据进行统计查询，分析后形成报表，为后续工作提供参考数据与决策支持。生产过程中的数据丰富，系统根据需要，定制不同的统计查询功能，包括产品加工进度查询、车间在制品查询、车间和工位任务查询、产品配套齐套查询、质量统计分析、车间产能（人力和设备）利用率分析、废品率/次品率统计分析等。

2. MES 系统数据采集

通过数据采集接口获取并更新与生产管理功能相关的各种数据和参数，包括产品跟踪、维护产品历史记录及其他参数。这些现场数据可以通过车间手工方式录入或自动方式获取。数据采集的时间间隔差别很大，可达到分钟级的精度。由于工厂有大量的生产设备，且种类繁多,通信方法又各不相同,数据采集量大,造成 MES 系统项目的数据采集变得十分烦琐。但数据采集又是进行物料跟踪、生产计划、产品历史记录维护及其他生产管理的基础,因而数据的准确性、实时性成为企业实现信息化成败的关键。MES 系统最大特点是能实时收集生产过程中的各类信息、数据,然后汇集到数据库中,以便数据分析及管理层查询。如何高效地对车间的各类生产数据采集,是决定 MES 项目实施成败的关键环节。

生产数据采集是 MES 系统业务进行的根本,也是 MES 系统进行统计分析的基础。MES 系统应用中根据不同的数据、应用场景、人员能力、设备投入等方面的因素需要采用不同的数据收集方式,选择不同的生产数据收集设备。

1)必须录入的数据

必须录入的数据是指系统必须直接从外部获得的数据。系统可以通过基础定义功能以及过程数据基础定义功能自行建立属于企业自己的生产数据采集项目库。例如产品的编码、产品流程、工序名称、工艺条件目标等。

2)系统自动生成的生产数据

生产过程中部分由事件触发的数据可以由系统在过程中自动收集,主要包括工序开始操作时间、结束时间、设备状态等。这一类的数据可由时间触发之后,根据原本设定的基础数据,由系统自动收集。

3)通过条码采集的方式

通过条码采集制造数据的方式是最为普遍的方式之一。条码收集数据的前提是信息可以以编码的方式表达或与预设的数据通过编码建立对应关系。条码方式可收集的生产数据主要包括产品批号、物料批号、加工资源编号、运输资源编号、人员编号、异常类别、异常现象、设备状态(维修、保养、故障停机等)、作业开始、作业结束等。条码可以提高数据录入的准确性、提高录入速度,且成本较低。因此,建议尽可能将数据进行分类,然后编码处理,转化成条码的方式,以便现场的生产数据采集。

4)采集设备数据的方式

如果企业需要管控设备,随时监控设备的运行状态和设施,可以采用 PLC 类数据采集、组态软件类数据采集、测量设备数据采集、条码扫描枪、RFID 读卡器等方式,关键取决于企业需求。

实时、准确的生产数据采集是 MES 系统得以成功的重要基础,企业 MES 系统建设中应该充分考虑其数据采集的特点,在采集过程中,根据完整性、实时性原则,多种采集技术综合应用、人机结合原则、易于集成应用原则,运用多种数据采集方式,并利用计算机、数据网络通信设备、各种技术标准和实时历史数据库软件的有机组合来实现生产数据的集成应用。

4.3.2 MES 的发展历程

MES 系统是美国 AMR 公司在 20 世纪 90 年代初提出的,旨在加强制造业研究计划的执行功能,AMR 提出三层结构的信息化体系结构,将位于计划层和控制层之间的执行层叫作 MES,把 MRP 计划通过执行系统同车间作业现场控制系统联系起来。很显然,MES 系统为连接中枢而生。1997 年,MESA 提出的 MES 功能组件和集成模型包括 11 个功能,后续大量的研究机构、政府组织参与了 MES 标准化工作,进行相关标准、模型的研究和开发,涉及分布对象技术、集成技术、平台技术、互操作技术和即插即用技术。2004 年,MESA 更新了

MES 模型,提出了协同 MES 体系结构,该模型侧重于核心业务活动与业务运行交互集成。

MES 系统在国内应用还具有一定的局限性,因为中国大部分制造企业还过度依赖人力进行生产,所以收集完整可靠的、经过过滤和分析的信息非常困难。而且制造企业的信息系统大都相对独立,且由不同品牌的子系统组成,包括由基于事务处理的子系统和许多基于实时操作的工厂子系统,集成的难度非常高。

随着中国制造 2025 政策的推进实施,国内制造企业对 MES 功能以及产品成熟度等要求也随之增高。MES 竞争的焦点转为能够为客户提供拥有先进的管理思想与理念、拥有行业技术诀窍、提升管理水平的整体解决方案。随着企业信息化应用的逐步深入,包含高级排程技术、支持网络化异地制造技术以及精细化管理、差异化管理、适用柔性制造应用模块的 MES 越来越被市场关注和认可。MES 系统也在与时俱进,从标准、功能、实施、管理上朝着标准化、专业化、平台化、智能化的方向发展,MES 系统发展趋势如图 4-84 所示。

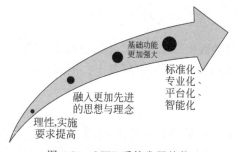

图 4-84　MES 系统发展趋势

4.3.3　MES 的行业应用

MES 系统作为一种集成化的软件系统,在不同行业中有着广泛的应用。无论是制造业、能源行业、医药行业、食品行业、电子行业还是汽车行业,MES 系统都发挥着重要的作用。它可以帮助企业实时监控和控制生产过程,提高生产效率和质量。同时,通过与其他系统的集成,还可以实现信息的共享和协同,进一步提升企业的整体运营效率。随着技术的不断发展,MES 系统在不同行业的应用将会越来越广泛,为企业的发展带来更多的机遇和挑战。

1. MES 系统在制造业的应用

在制造业中,MES 系统被广泛应用于生产流程控制和数据管理。它是一种将计算机技术与生产过程集成的软件系统,能够实时监控和控制生产过程,提高生产效率和质量。

MES 系统在制造业的应用非常丰富。首先,它可以帮助企业建立全面的生产计划,并根据订单需求进行排程,确保生产任务按时完成。其次,MES 系统可以对生产过程中的各个环节进行监控和控制,包括原材料采购、生产设备状态、工人操作等。通过实时数据采集和分析,可以及时发现和解决生产过程中存在的问题,提高生产效率和质量。最后,MES 系统还可以与企业的 ERP(Enterprise Resource Planning)系统、SCADA(Supervisory Control and Data Acquisition)系统等进行集成,实现信息的共享和协同。通过与 ERP 系统的集成,可以实现生产计划和订单的自动下达,减少人工干预和错误。与 SCADA 系统的集成可以实现对生产设备的远程监控和控制,提高生产设备的利用率和可靠性。

2. MES 系统在能源行业的应用

在能源行业中,MES 系统也扮演着重要的角色。能源行业的生产过程通常涉及大规模的设备和复杂的工艺流程,需要实时监控和管理。

MES 系统在能源行业的应用主要体现在以下几个方面。首先,它可以帮助企业进行能源计划和调度,确保能源供应的稳定和高效。其次,MES 系统可以对能源生产过程进行监控和控制,及时发现和解决生产中的问题,提高生产效率和质量。最后,MES 系统还可以对能源数据进行采集和分析,为企业的决策提供支持。

3. MES 系统在医药行业的应用

在医药行业中,MES 系统的应用也非常广泛。医药行业的生产过程通常严格受控,需要满足严格的质量标准和法规要求。

MES 系统在医药行业的应用主要包括以下几个方面。首先,它可以帮助企业建立全面的生产计划,并根据药品需求进行排程。其次,MES 系统可以对药品生产过程中的各个环节进行监控和控制,包括原材料采购、生产设备状态、工人操作等。通过实时数据采集和分析,可以及时发现和解决生产过程中存在的问题,确保药品质量和安全。最后,MES 系统还可以与企业的质量管理系统进行集成,实现对药品质量的跟踪和控制。通过与质量管理系统的集成,可以实现对生产过程中各个环节的质量控制,确保产品符合标准和法规要求。

4. MES 系统在汽车制造行业的应用

汽车制造业是 MES 软件应用的重要领域之一。通过 MES 软件可以实现对产线的实时监控和管理,包括零部件的采购、生产过程的控制、质量检测等。它可以帮助汽车制造企业提高生产效率和质量,并实现对整个供应链的可视化管理。

5. MES 系统在电子制造行业的应用

在电子制造业中,MES 软件可以帮助企业实现对生产过程的精细管理。它可以实时监控关键工序的数据,进行实时分析,并根据分析结果对生产过程进行调整,以提高生产效率和产品质量。同时,MES 软件还可以进行库存管理和生产调度,帮助企业优化生产计划。

6. MES 系统在化工行业的应用

在化工行业中,MES 软件可以帮助企业实现对生产过程的监控和管理。它可以实时采集和监控关键工序的数据,并进行分析以实现生产过程的优化。同时,MES 软件还可以帮助企业进行安全管理和环境监测,确保生产过程的安全和环保。

7. MES 系统在航空航天制造行业的应用

在航空航天制造过程中,MES 软件可以监控各个工序的生产进度和质量指标。对于高度复杂和关键的零部件制造过程,MES 软件可以提供全程追溯的能力,保证质量和合规性要求。

8. MES 系统在食品饮料制造行业的应用

在食品饮料制造过程中,MES 软件可以帮助企业实现生产批次追溯和过程监控。它可以跟踪原材料的使用情况、生产日期和产地等信息,保证产品的安全性和质量。

MES 软件在制造业等领域应用越来越广泛,它为企业提供了实时的生产数据和全面的生产过程管理功能。通过与其他系统的集成,它能够帮助企业提高生产效率、降低成本、提升产品质量,实现可持续发展。随着科技的不断发展和制造业的变革,MES 软件的应用前景将会更加广阔。

【任务实施】

4.3.4 MES 的功能

MES 系统可为企业提供包括制造数据、计划排程、生产调度等多个管理模块和多种功能,致力于为企业打造一个扎实、可靠、全面的制造协同管理平台。具体功能如下。

1. 工厂建模和基础数据设置

MES 系统的平台核心是工厂建模环境，它将不同的应用功能组合在一起定义执行逻辑。根据物理模型（实际的设备、区域等）和逻辑模型（业务流程），基于工厂模型层次完成工厂模型的创建，为业务模块提供基础数据支撑。

MES 功能

2. 生产管理

MES 系统的生产管理是在生产计划的指导下，根据各行业生产工艺特点组织协调生产，跟踪生产过程数据，考核各项生产指标，并通过数据分析，优化生产过程。实现计划编制和跟踪、生产数据的分析以及考核管理等。

3. 生产过程监控和生产实际反馈

MES 系统的生产过程监视侧重于生产流程和工艺过程之间物料输送、质量指标的监控。生产过程监控系统发现异常时，可以按照预先设置做出报警，帮助企业的生产指挥调度部门进行生产协调、合理调度，提高生产的快速反应能力。

4. 质量管理

MES 系统根据质量检验标准，实时采集来自生产现场自动化系统的质量数据，当发现生产过程有质量问题时，系统产生质量异常报警，生产管理人员根据质量控制网，找到关键工艺环节或关键质量人员，缩减质量问题的分析过程，加快质量异常的处理速度，提高全员质量意识，保证产品质量。

5. 物料管理

MES 系统能实现产品的后溯和前溯。对于最终产品的物料批，可以查询出使用了哪些批次的原材料、中间物料，以及该物料的数量和特征。对于原材料的批次，可以查询到哪些最终产品使用了该批物料。

6. 成本管理

MES 系统能够建立以职能部门、作业区集中管理为纲，以各主控工序为驻点的纵横交错的成本控制网络，实现全方位的成本数据分析管理，对各类成本数据提供各类报表、查询、直观地进行图表、图形对比分析，保存历史数据。

7. 报表系统

报表系统是 MES 各系统的输出数据，也是系统之间的数据接口，是数据源整合的重要手段，报表涵盖 MES 系统所有的业务内容，包括排程调度、设备、质量、物料、工艺指标等。数据源主要来自 MES 数据库，通过语义层将数据库字段重组为面向用户的对象，在此基础上实现报表功能。

4.3.5 西门子的 MES 系统

针对不同的行业与应用，西门子推出不同的 MES 软件，如 Simatic IT UADM（DM 表示离散制造）、Camstar、Vlaor、Simatic IT UAPI（PI 为流程）、eBR 等，如图 4-85 所示。

Camstar Enterprise Platform（CEP）主要包含制造、质量、流程变更、报表管理等模块，其在医药、半导体、电子行业有相应的软件套件。Simatic IT 已发展成 Simatic IT UA（Unified Architecture，统一架构）了，主要包括基础套件、流程行业套件、离散行业套件、智能制造套件等。

产品质量（QMS）是企业的根本，做好质量管控通过质量审查是企业的重中之重。西门

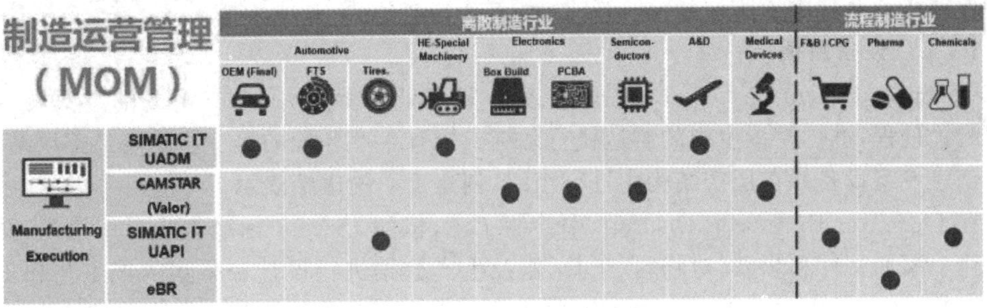

图 4-85 西门子的 MES 相关软件

子的 QMS 整体解决方案是 IBS QSYS Professional。IBS QSYS Professional 的整体架构基于戴明环模型（PDCA）。整个平台分为四大部分（图 4-86），每个部分有若干具体的功能模块，比如 APQP/Project、FMEA（潜在失效模式分析）、Gage Management（量具管理含 MSA）、Process Flow Chat（流程图）、Control Plan（控制计划）、Inspection Plan（检验计划）、QAM（质量措施管理）、SAM（供应商评估管理）、SPC（过程统计控制）、CCM（客户抱怨管理）和 PPAP（产品量产批准流程）等。

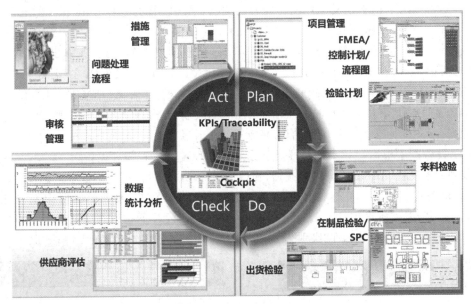

图 4-86 西门子 QMS 解决方案的平台内架构

从功能层面上来讲，该方案中所包含的功能模块均基于行业内最新的标准（ISO 9000/IATF 16949、AIAG 标准、VDA 标准等）及长期实践的业务模型所构建，相比较传统的软件工具而言，更加适合制造业的应用。用户只需要安装使用一个系统，便可以代替传统十几种工具软件。

EMI（Enterprise Manufacturing Intelligence，企业制造智能）是指软件从许多数据源收集制造相关的数据，用以生成报告、分析和可视化，并且在企业信息层和工厂信息系统之间传递这些数据。EMI 的主要目的是将大量的制造数据转化为真正有用的知识从而驱动业务。从前面介绍的 MES 功能和产品来看，EMI 的功能已经包含在 Camstar 和 Simatic IT

的软件模块或套件中了。

1. 工厂设备建模

Opcenter Execution Discrete 是一个基于 HTML 5 技术用网页 Web 的方式展示完全模拟配置过程，进行模拟生产的制造执行系统。配置生产环境的第一步是定义工厂结构，可通过创建一组设备并在层次结构中进行组织，创建工厂的虚拟表示。

在 Opcenter Execution Discrete 中绘制工艺，依照 ISA-95 标准进行工厂建模，在各工艺操作中添加文件和步骤，对物料、工具，以及生产数据进行设计和采集。把工艺和工厂建模在 MES 系统中联系起来，相关的物料、操作等信息都在整体设计中一步步配置出来。

行业标准 ISA-95 构建结构为工厂、车间、区域、产线、设备五个层次。其中，Enterprise 为企业级；Site 为工厂级；Area 为区域/部门；Work Center（Process Cell / Production Line / Storage Zone）为工作中心，代表专注于特定类型的生产区域；Unit（Work Cell / Storage Unit / Production Unit）表示执行单个操作的工作站/设备。

在定义工厂结构时，首先是创建分层表示物理设备的实体。每件设备都是一个设备配置，然后可以在设备层次结构中组织所有设备配置以表示工厂。

配置设备主要用到以下三个模块。

（1）设备类型：用于定义工厂配置内容的类型，系统已有类型有 Enterprise、Site、Area、Work Center / Process Cell / Production Line / Storage Zone、Work Cell / Storage Unit / Production Unit。找到设备类型，单击右上角 ⊕ 按钮创建新的类型，在弹出的"添加设备类型"对话框，依次在 ID 文本框中输入 EQUIPMENT_USB_GROUP，在"名称"文本框中输入 EQUIPMENT_USB_GROUP，在"描述"文本框中输入 EQUIPMENT_USB_GROUP，在"级别"下拉列表中选择 Enterprise，单击"保存"按钮，如图 4-87 所示。

依据 IAS-95 标准的工厂层级结构，依次创建其余类型。

（2）设备配置根据上一步创建的类型去定义物理区域或者物理设备。

找到设备配置，单击右上角"＋"按钮，在弹出的"添加设备配置"对话框中依据工厂层级结构，输入相关信息。在 ID 文本框中输入 Digital Factory，在"名称"文本框中输入 Digital Factory，在"描述"文本框中输入 Digital Factory，在"设备类型"下拉列表中选择上一步创建的类型 USB-EQTY_Enterprise，在"级别"下拉列表中选择 Area，如图 4-88 所示。单击"保存"按钮。

图 4-87 "添加设备类型"对话框　　　　图 4-88 "添加设备配置"对话框

依据 U 盘示范产线数字化工厂实际模型，定义剩余的物理区域 Digital Factory、NJ Site、Manufacturing Area、Automation Production Line 以及四个工站 Assembly Unit、Processing Unit、Inspection Unit、Laser Marking Unit，其创建结果如图 4-89 所示。

设备配置

ID	名称	描述	设备类型	级别
NJ Site	NJ Site	NJ Site	USB-EQTY_Site	Site
Laser Marking Unit	Laser Marking Unit	Laser Marking Unit	USB-EQTY_Unit	Unit
Inspection Unit	Inspection Unit	Inspection Unit	USB-EQTY_Unit	Unit
Processing Unit	Processing Unit	Processing Unit	USB-EQTY_ProLine	Unit
Assembly Unit	Assembly Unit	Assembly Unit	USB-EQTY_Unit	Unit
Automation Production Line	Automation Production Line	Automation Production Line	USB-EQTY_ProLine	ProductionLine
Manufacturing Area	Manufacturing Area	Manufacturing Area	USB-EQTY_Area	Area
Digital Factory	Digital Factory	Digital Factory	USB-EQTY_Enterprise	Enterprise

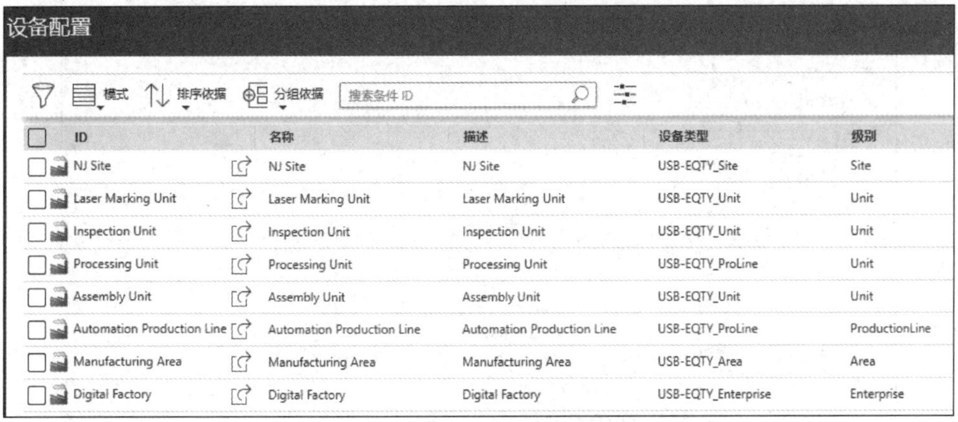

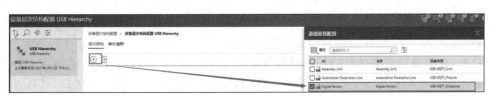

图 4-89　设备配置创建结果

(3) 设备层次结构配置分为两部分，一是创建设备层级结构，二是配置设备层级结构。打开设备层次结构配置，新建一个名为 USB Hierarchy 的工程，单击右上角按钮打开此工程。单击左边的按钮，在弹出的“添加设备配置”对话框中选择 Digital Factory，如图 4-90 所示。单击“保存”按钮。

图 4-90　设备层次结构配置

单击生成的长方形工程中右边的按钮，在弹出的“添加设备配置”对话框中单击下一层级 NJ Site，如图 4-91 所示。单击“保存”按钮。

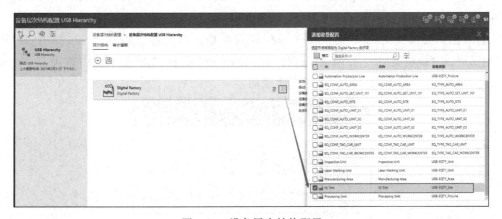

图 4-91　设备层次结构配置

根据 Equipment Configurations 中创建的结构，重复上述步骤，完成整个工厂的模型创建，如图 4-92 所示。

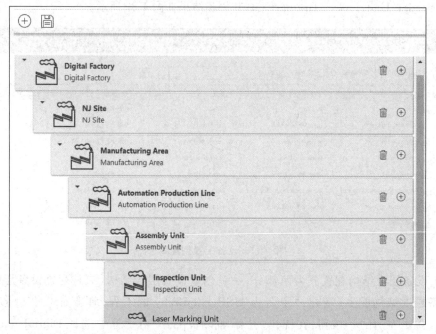

图 4-92　工厂模型创建界面

系统中的每个实体都具有唯一标识符，在配置生产工艺中涉及选项时，系统会提示定义该标识符。

此外，在配置特定实体（序列号、材料批量和工作订单）时，可以选择手动插入此标识符或根据预定义的模板自动生成此标识符。标识符模板的定义由两个阶段组成，可以在不同的时间执行。在第一阶段创建模板时，模板只是一个容器，不能用于生成唯一标识符。标识符的最终结构在第二阶段定义，可指定要用于形成标识符的文本块序列。定义后，无法重命名标识符模板，但可以随时修改其所包含的模板块。

在生产过程中，对于工单、物料、序列号必须要有唯一标识符，创建与之对应的标识符 WorkOrderNId、MaterialBatcheid 及 Serial Number。

打开标识符模板模块，新建一个工单标识符模板。单击右上角 按钮，弹出"新建模板"对话框，在"模板类型"下拉列表中选择 WorkOrderNId，"标识符"文本框中输入 U_WOld，如图 4-93 所示，然后单击"保存"按钮创建成功。

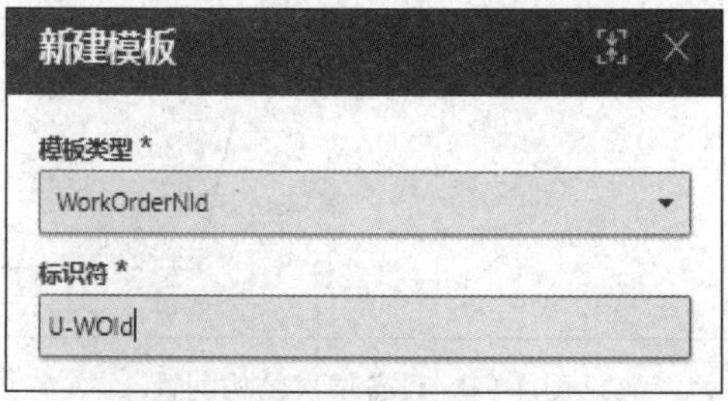

图 4-93　标识符模板创建对话框

自定义标识符结构,首先打开此工程,单击右上角 ⊕ 按钮,在弹出的"模板详细信息"对话框的"块类型"选项中的"分隔符"文本框中输入 WOId,然后添加参数,依次选择年份、日、月,最后添加增量参数,在"块类型"选项中选择"增量",递增字符长度参数的数字位数为 3,递增量下一个值为 1,如图 4-94 所示。单击"保存"按钮。

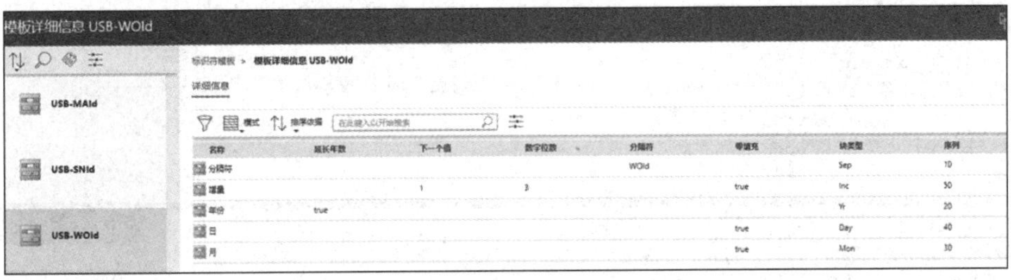

图 4-94　标识符模板参数对话框

根据此创建工单标识符模板的步骤,改变分隔符的值依次创建物料号、序列号标识符模板,创建结果如下。

- NES_USB_MAId:20210701M00001(年/月/日/自定义标识符/序列流水号)。
- NES_USB_SNId:SNId20210331001(自定义标识符/年/月/日/序列流水号)。

2. 配置工具

工具定义表示生产中涉及的工具类型。在配置生产环境时,可以根据运行时要创建的工具创建工具定义。配置工具模块分为工具定义、版本复制、工具实例化。

进入工具定义模块,单击工具定义 🔧 按钮,在弹出的"添加工具定义"对话框中填入相关自定义参数,在"标识符"文本框中输入 TOOL_Wrench,在"版本"文本框中输入 A,在"名称"文本框中输入"工具扳手",在"描述"文本框中输入"工具扳手",勾选"可消耗"复选框,其他参数可根据需要自行选填,如图 4-95 所示。

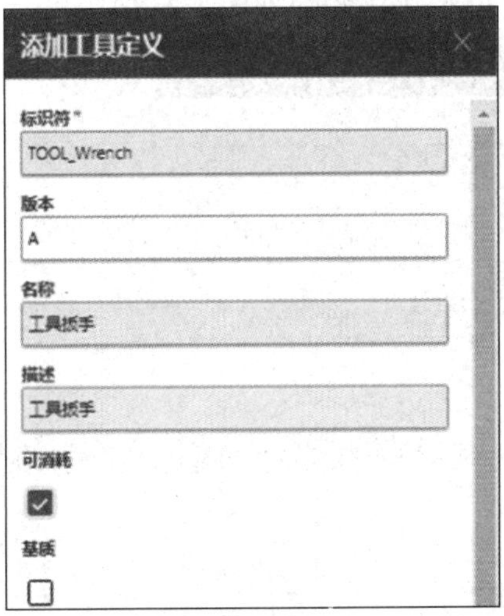

图 4-95　添加工具定义对话框

版本和复制都基于已经建立好的工具基础上,版本是默认版本 A,升级版本则是 B、C等;复制是基于当前工具,复制其中参数,并可选择性更改复制参数。

版本：选定某一工具如 TOOL_Wrench，使之高亮显示，然后在窗口右上角下拉菜单内选择"版本"，会在下方自动生成一个新的工具，版本由 A 变为 B。

复制：选定某一工具如 TOOL_Wrench，使之高亮显示，然后在窗口右上角下拉菜单内选择"复制"，会弹出一个"添加工具定义"对话框，填入相应参数，如图 4-96 所示。

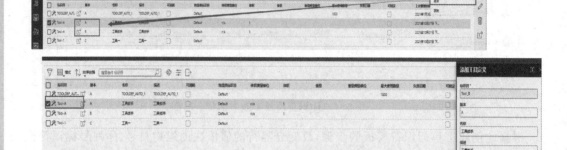

图 4-96　工具定义参数界面

3. 供应商定义

供应商是为工厂提供物料的供应商。在进行物料定义之前，需要对一些前期信息进行定义，包括供应商。供应商本身在生产方面的信息只是名称的定义，在其他供应链体系的系统中会有详细的供应商信息。当物料关联信息出现物流方面的问题时，可以进行产品质量追溯。供应商的定义（Add Supplier）只需要给出名称和编号。定义供应商后更容易发现物料供应中的问题。

打开供应商模块，在 Identifier、Name、Description 文本框中输入供应商的相关信息，完成创建后可在物料模块进行相关信息绑定，如图 4-97 所示。

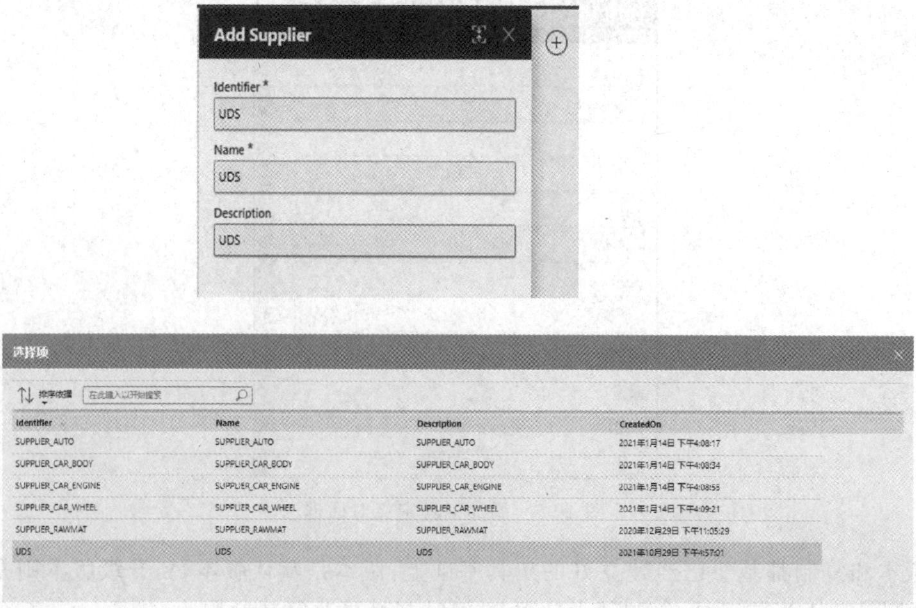

图 4-97　添加供应商

4. 工作指导

工作指导是一个"文档",其中列出了执行特定活动的具体指导。通常提供执行特定任务的分步指南,也可以是图片示例等内容,如图 4-98 所示。

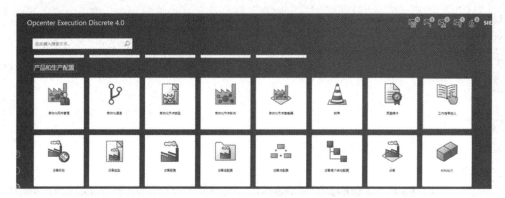

图 4-98　工作指导界面

参数(Parameter):材料的可衡量属性(可以回答"必须分析什么")。

信息字段(Info Field):包含测试或材料的一般信息(文本或数字)的对象。

作业指导书(Work Instruction):包含一组参数和信息字段的对象。

表单(Form):作业指导书的图形表示。

进入系统主页面,选择"产品和生产配置"模块下的"工作指导定义",进入工作指导定义页面。

单击界面右方"创建"图标,打开"添加工作指导定义"对话框。依次填入 ID、版本、名称、描述,并选择模板,如图 4-99 所示,单击"保存"按钮完成创建。

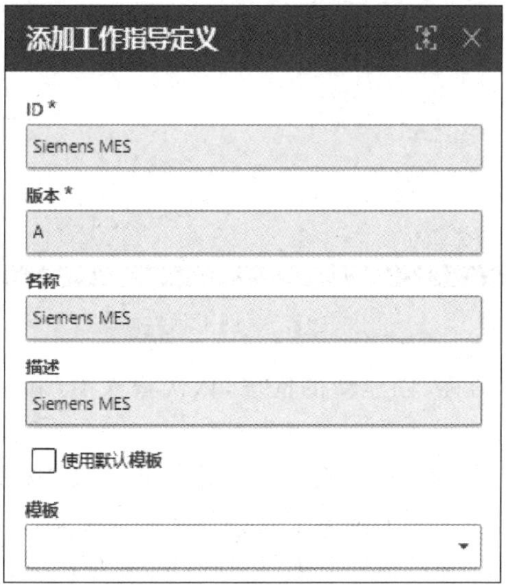

图 4-99　工作指导定义界面

创建完成后选中新建的项目,单击右侧"返回"按钮 ,打开工作指导定义管理,如图 4-100 所示。

图 4-100　工作指导定义管理界面

进入界面后单击右侧工具栏内的"文件夹"按钮，进入编创工具页面，如图 4-101 所示。

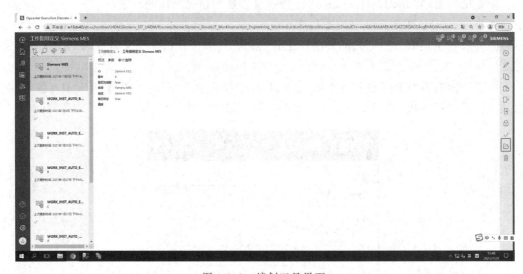

图 4-101　编创工具界面

单击页面上的"创建"图标，创建新的区段，依次输入 ID 和标题，选择"应用"按钮，如图 4-102 所示。

选中新建项目并单击"创建"图标，选择步骤并单击"添加"按钮，如图 4-103 所示。

步骤分为两个类型：确认和数据集合。选择创建确认类型，依次填入 ID 与标题，并在右侧添加表格/文本/链接/图片等工位信息进行关联，单击"应用"按钮进入下一步，如图 4-104 所示。

重新选中 Section01，单击"创建数据集合"，依次在文本框内输入 ID 与标题，随后进入数据集合表单进行数据集合页面的编辑，如图 4-105 所示。

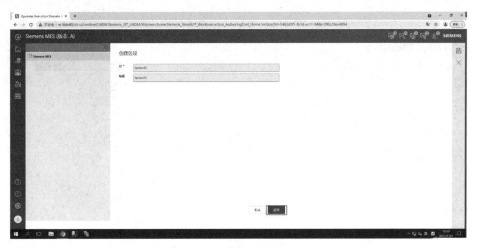

图 4-102　创建区段窗口

图 4-103　创建版本界面

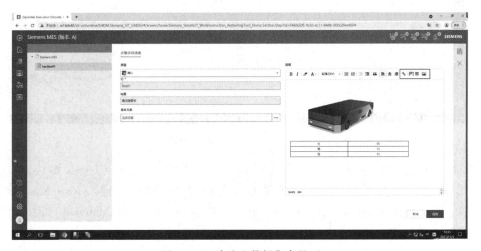

图 4-104　确认和数据集合界面

拖动需要的模块至左侧窗口，单击"编辑"图标，依次输入字段 ID、标题、标签和文本，勾选必填框，进行数据填写，并设置默认值与字段长度，单击"应用"按钮并保存，如图 4-106 所示。注意先单击字段常规信息内的应用，再单击数据集合表单界面的应用。

最后，回到上一步界面，单击"确认"按钮将模板状态更改为可用状态即可。

5．物料建模

在执行生产过程中，需要物料的消耗，所以必须配置生产工艺中将涉及的材料类型，其中包括原材料、半成品、成品等。

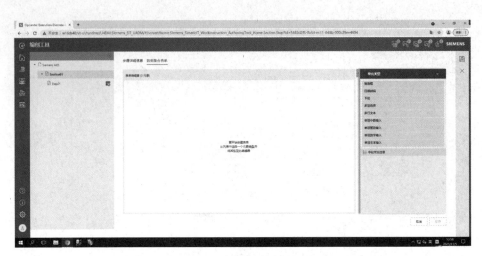

图 4-105　数据集合编辑界面

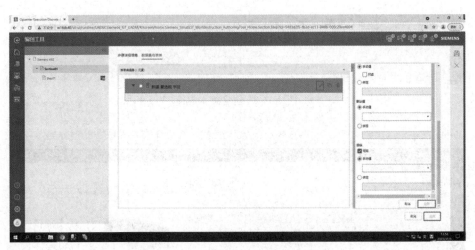

图 4-106　数据集合操作界面

首先对物料中的原材料类型进行自定义。打开 Add Material Classes 模块，单击"创建"按钮，弹出 Add Material Classes 对话框，在 Identifier 文本框中输入 Raw Materials，在 Name 文本框中输入 Raw Materials，在 Description 文本框中输入 Raw Materials，如图 4-107 所示，单击"保存"按钮。

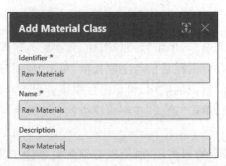

图 4-107　原料类型自定义对话框

依据上述操作，继续创建相关物料类型半成品 Semi-Finished Products Name 和成品 Finished Product，如图 4-108 所示。

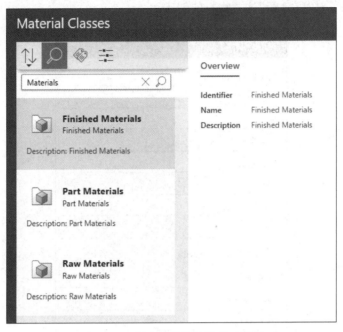

图 4-108　创建相关物料类型对话框

在创建物料实例之前需要定义材料模板，模板参数中包括名称、描述、物料的单位属性等。在"添加材料模板"对话框的 Id 文本框、Name 文本框和 Description 文本框中分别输入 USB MaTe，物料单位属性 Unit of Measure 下拉列表中选择 pce，勾选 Is Default 复选框，如图 4-109 所示。

图 4-109　添加材料模板界面

根据需求配置相关 U 盘产线的物料，以 U 盘盖 U Disk 为例。打开材料模块，单击"新建"物料。在 Unique Identifier 文本框、Name 文本框和 Description 文本框中分别输入 USB Golden Disk，在 Unit of Measure 文本框中输入 pce，物料模板选择上一操作创建的模板

USB MaTe，勾选序列号 Serial Number Profile 复选框和可追溯 Traceable 复选框，物料类 Material Class 选择上一步操作创建的物料的类 Raw Materials，如图 4-110 所示，单击"保存"按钮，即完成了对"U 盘帽"这一物料的创建。

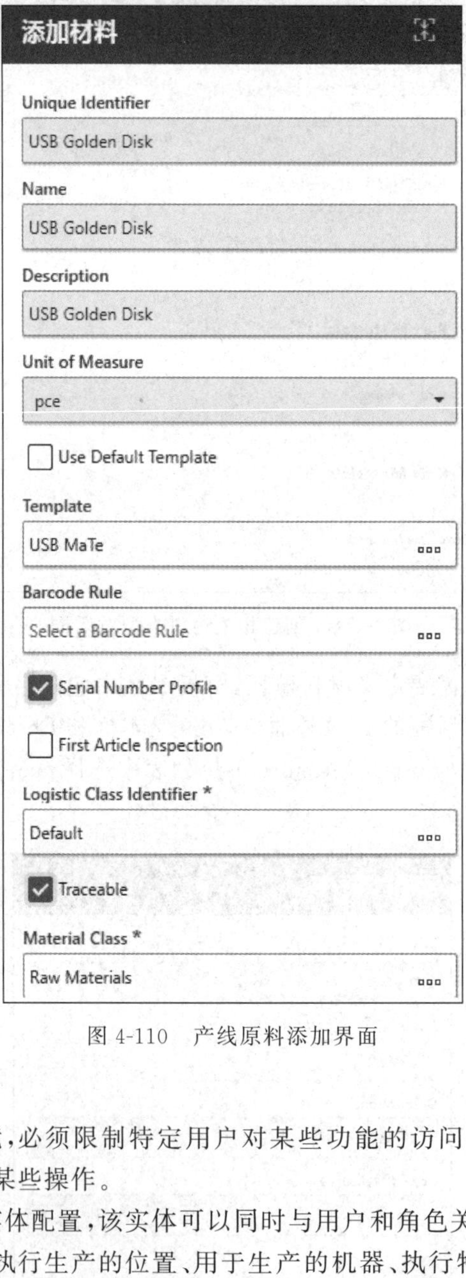

图 4-110　产线原料添加界面

6．资质认证

要正确配置生产环境，必须限制特定用户对某些功能的访问，从而根据相应角色和知识，仅允许特定用户执行某些操作。

权限通过"认证"的实体配置，该实体可以同时与用户和角色关联。此外，还可以将认证与工作订单的最终材料、执行生产的位置、用于生产的机器、执行特定工作订单工序所需的技能等内容相关联。

进入系统主界面，选择"产品和生产配置"模块下的"认证"，进入资质认证配置界面，如图 4-111 所示。单击"创建"按钮打开创建认证，依次填入标识符、名称、描述，单击"保存"按钮，如图 4-112 所示。

选中新建的认证，单击右侧"进入"图标，打开认证界面，选中"已指派材料"，单击界

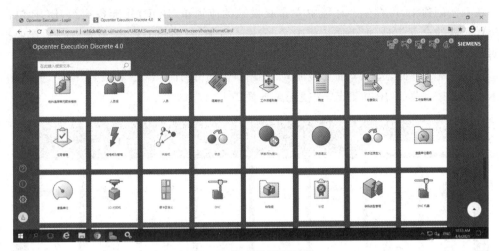

图 4-111 资质认证配置窗口

图 4-112 新增资质认证配置窗口

面右侧图例,选中需要关联的物料,单击"添加"完成物料的关联,如图 4-113 所示。同样的方式依次进行工作中心、设备类型、技能、用户、角色等信息的关联。

图 4-113 资质认证信息物料关联窗口

7. 工艺建模

工艺流程的建模和 U 盘智能产线的实际工艺流程相关,在配置加工、组装、激光打标、检测四个工位时,需要对相应工位的工艺进行单独配置。

在工艺创建中,可在生产环境中发布获批准的流程单(BOP)并准备执行,BOP 包含订单执行所需的全部信息,如工序依赖关系(传送)、资源(材料和工具)与数量、工位、作业指导说明等。

进入系统主界面,选择"产品和生产配置"窗口内的"按计划 BOP 和工艺"模块,如图 4-114 所示,进入"按计划 BOP 和工艺"建模配置界面。

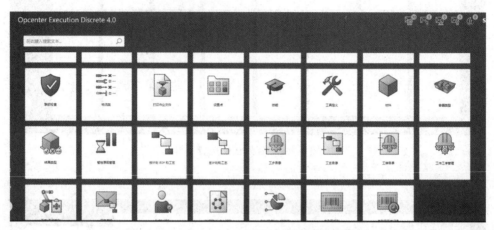

图 4-114 工艺建模配置界面

在界面右侧"新建"图标 ⊕,打开创建流程窗口。在"计划 BOP""工厂"和"配件材料"的下拉选项中选择对应内容,在"标识符""名称""描述"的文本框内输入相应信息,如图 4-115 所示,单击 创建 按钮完成流程创建。

图 4-115 创建流程窗口

选中已链接好的项目,单击右侧"进入"图标 ,如图 4-116 所示,打开工艺 BOP 窗口。

在工艺 BOP 窗口选择"工艺 BOP-K-Yellow-32G",单击右侧"新建"图标 ⊕,弹出"新建工序"工具栏,在"标识符""名称""序列""描述"等文本框中依次填入信息,如图 4-117 所示,单击"创建"按钮完成工序的新建。随后按照同样的方式新建其他工序。

完成所有工序创建后,需要给工序之间添加逻辑关系,此时选择右侧的"相依性"图标

图 4-116　计划 BOP 和工艺界面

图 4-117　U 盘智能产线工艺 BOP 窗口

⑤,在"从工序""至工序"和"相依性类型"下拉选项中依次选择相关内容,完成工序间相依性的创建,相依性创建完成后,可以在"工艺工序相依性"界面进行查看确认,如图 4-118 所示。

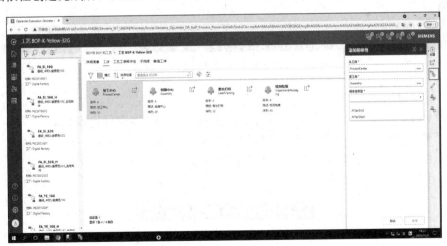

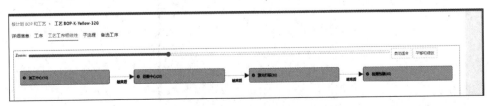

图 4-118　BOP 工序相依性创建界面

返回工序页面,选中任意一项工序单击工序右上角的"进入"图标 ,返回至工序界面,如图 4-119 所示。

图 4-119　BOP 工序配置界面

在"工序"窗口可依次打开 4 个工位的工序,将各工序与前面新建的机器、材料、工具、文档、工作指导、质量检测等信息进行关联,如图 4-120 所示。

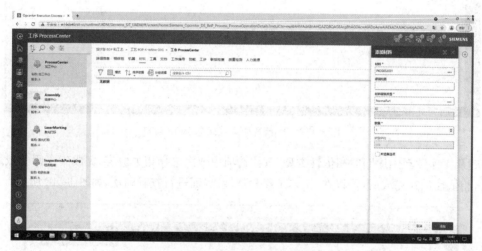

图 4-120　BOP 工序与其他配置关联窗口

8. 工单建模

当所有生产要素(工厂、物料、工具、文件、工艺等)被定义,就可以创建生产工单,为了能够执行工单,工单创建后必须将其发布到生产环境中,这样操作面板上的工单操作才可使用并开始工作。系统中主要的创建工单方式有手动、从工艺、按计划、文件头、从主计划,如图 4-121 所示。

图 4-121　工单建模窗口

进入系统主界面,选择"生产协调"窗口中的"工作订单"模块,如图 4-122 所示,进入订单界面。

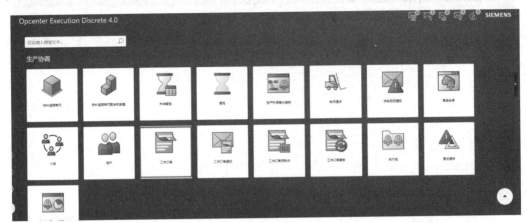

图 4-122　生产协调下的工作订单模块

在"工作订单"窗口右侧单击"新建"图标，弹出"由工艺创建工作订单"工具条,在"按工艺 BOP""生产类型""产品"等下拉选项中选择相应的信息,在"标识符"和"批次 ID"可通过 Generate 关联生成,"工厂"文本框内的内容根据工艺自动带入,如图 4-123 所示,单击"创建"按钮完成工作订单新建。

图 4-123　工艺创建工单界面

选中新建的"工作订单 20211105M000005"工单,单击"进入"图标 打开工单查看,系统会自动带入上一步"创建工艺"时的工序相关性,及工序所涉及的机台、人员、工作指导等相关信息,如图 4-124 所示。

返回到"工作订单"主界面选中新建工单,单击右侧"确认"图标 发布工单,如图 4-125 所示。

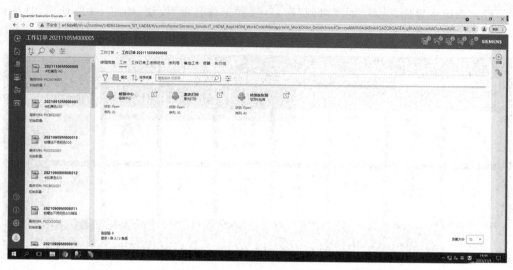

图 4-124　工单与工序相关性操作界面

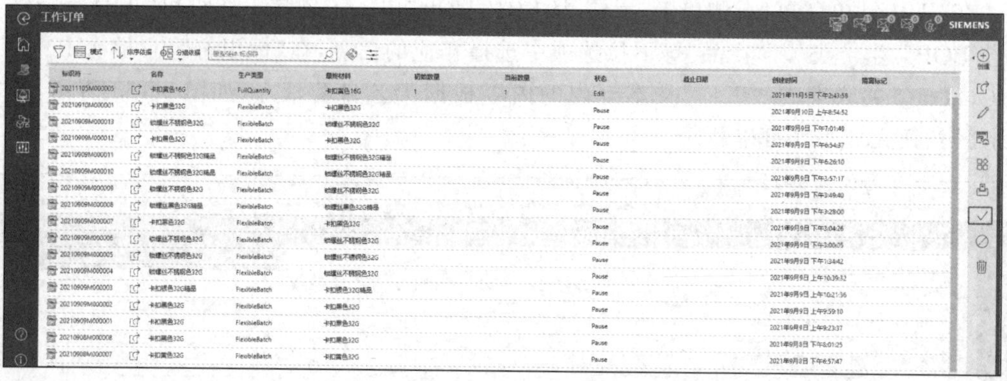

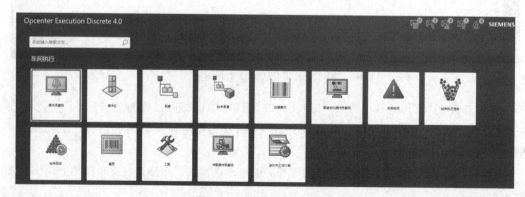

图 4-125　工单订单发布界面

9. 生产操作执行

进入系统主页面,选择"车间执行"窗口下的"操作员登录",如图 4-126 所示,进入订单操作界面。

图 4-126　操作员登录界面

输入工单后可以选中工序,单击"开始"按钮 执行,执行过程中如果用户没有绑定证书或者证书过期则会报错,需要前往证书界面对相关用户证书进行维护(同时如果证书包含物料与工单物料信息不符合依然会报错),然后单击"开始"按钮 ,工单开始执行。同时,还可以进行"暂停/跳过/完成"等操作请求,如图 4-127 所示。

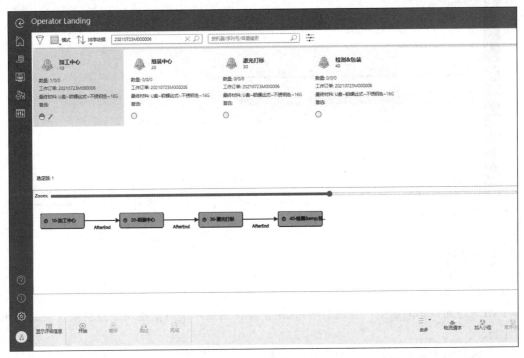

图 4-127　工单执行界面

单击左下角"显示详细信息"按钮,界面左侧项目有物料投入信息、工具使用信息和质量检测结果。点开需要填写的项目,并输入对应的信息提交即可,如图 4-128 所示。

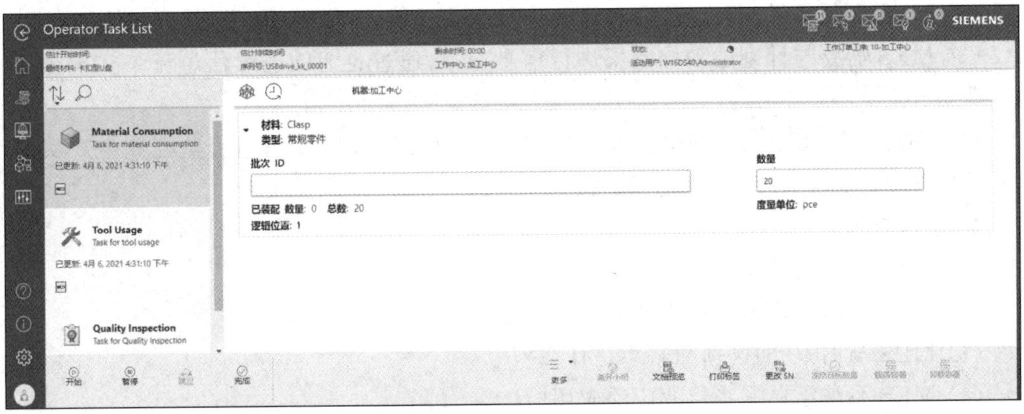

图 4-128　显示详细信息窗口

在 Operator Landing 窗口左下角单击"更多"下三角按钮,可以进行添加"注释""残次品""更改"和"执行组"工单请求等操作,如图 4-129 所示。

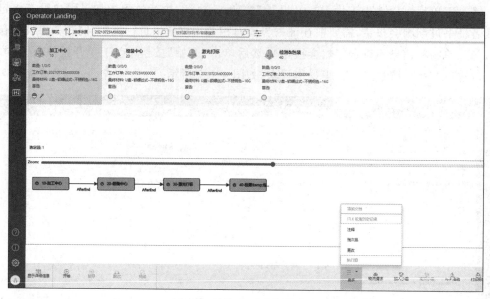

图 4-129 订单更改操作界面

【任务回顾】

1. 知识点总结

MES 是面向车间级生产管理的平台，是企业计划层和车间作业现场控制系统联系起来的纽带。

MES 可监控从原材料进厂到产品的入库的全部生产过程，记录生产过程产品所使用的材料、设备，产品检测的数据和结果以及产品在每个工序上生产的时间、人员等信息。

MES 的三大特点如下。

（1）MES 是对整个车间制成制造过程的优化，而不是单一地解决某个生产瓶颈。

（2）MES 必须提供实时收集生产过程中数据的功能，并做出相应的分析和处理。

（3）MES 需要与计划层和控制层进行信息交互，通过企业的连续信息流来实现企业信息全集成。

MES 的主要功能：工厂建模和基础数据设置；生产管理；生产过程监控和生产实绩反馈；质量管理；物料管理；成本管理；报表系统。

2. 思考与练习

（1）MES 系统的基本组成包括哪些内容？

（2）MES 功能模块包含哪几个方面？

（3）MES 与 ERP 的区别和联系是什么？

（4）MES 系统已在哪些行业广泛应用？

【项目总结】

基于数字孪生的 U 盘智能产线的系统认知，相信大家对未来的智能工厂也充满了渴望。随着中国制造 2025 等系列政策的推动下，制造业的转型升级对高质量的技术技能人才需求量会增加。大家对智能仓储系统、工业机器人、数控加工系统、智能U盘组装工站、个性化定制工站、检测包装工站等智能工厂的核心单元或设备有了较为深刻的认识。通过以下练习题，让我们一起巩固所学内容。

参考文献

[1] 周祖德,娄平,萧筝.数字孪生与智能制造[M].武汉:武汉理工大学出版社,2020.

[2] 高建华,刘永涛.西门子数字化制造工艺过程仿真——Process Simulate 基础应用[M].北京:清华大学出版社,2020.

[3] 钟奇,韩立兮,李俊文.UG NX12.0实例教程[M].北京:人民邮电出版社,2021.

[4] 宋海鹰,岑健.西门子数字孪生技术[M].北京:机械工业出版社,2022.